Ihre Entscheidung: Mittelmaß oder Spitze?

Langfristig erfolgreiche Menschen genießen hohes Ansehen. Doch die Vorstellung, *selbst* über viele Jahre hinweg jeden Tag sein Bestes zu geben, löst bei den meisten regelrecht Aversionen aus. Sie denken: zu anstrengend, unmöglich, ich doch nicht! Dabei kann es jeder tun, und zwar ganz entspannt.

In diesem Kapitel erfahren Sie u. a.,

- warum jeder zu Spitzenleistungen fähig ist,
- weshalb »Work-Life-Balance« nicht erstrebenswert ist,
- warum Top-Leistung nichts mit Burn-out zu tun hat,
- warum dieser TaschenGuide nicht für Faulenzer taugt.

Wie viele Runden halten Sie durch?

In dieser Sekunde können Sie sich entscheiden, im künftigen Berufsleben Spitzenleistungen abzuliefern. Sie glauben es nicht? Starten wir mit einem Beispiel mitten aus dem Leben.

BEISPIEL

> Nehmen wir Markus Korn, 35 Jahre, Bankkaufmann, Sparkassenangestellter, seit der Ausbildung in derselben Filiale. Er kennt alle seine Kunden in- und auswendig, weiß um alle Vorgaben und Vorschriften. Seine Arbeit beschränkt sich hauptsächlich auf eingefahrenen Alltagstrott. Korn liest dieses Buch. Oder er bucht ein Seminar, hört einen Podcast oder was auch immer zu diesem Thema. Vielleicht ist Wochenende. Dann kommt die alles entscheidende Sekunde der Wahrheit: Er beschließt am Sonntagabend, ab Montagmorgen hochwertige Qualität abzuliefern in allen Bereichen. Das kann nicht überall auf Anhieb gelingen. Aber sein Filialleiter wird schnell merken, dass plötzlich ein veränderter junger Korn am Werk ist. Routineformulare werden zügiger als sonst bearbeitet, konzentrierter. Kundentermine absolviert der neue Spitzenleister noch zuvorkommender als bisher und würzt sie mit kreativen Lösungsvorschlägen. Schon am Dienstag gelingt es Korn, einer jungen Familie eine vorher aussichtslos scheinende Baufinanzierung zu verschaffen. Am Freitag fragen ihn die Kollegen scherzhaft, ob er gedopt sei. Einen Monat später bittet er seinen Filialleiter um die Freigabe zu einer Zusatzqualifikation ... Können Sie sich vorstellen, was mit dem Mann passiert ist? Falsch gestellte Frage: Können Sie sich vorstellen, was Markus Korn aus seinem Leben machen wird? Ich kann es Ihnen verraten: Er ist heute Geschäftsführer einer gut aufgestellten Privatbank. Er hat eine frühere Kollegin geheiratet, hat mit ihr vier Kinder und ist sehr glücklich. Woher ich das weiß? Der heute nicht mehr ganz so junge Mann nahm vor 13 Jahren an einem meiner Seminare teil. Wir stehen nach wie vor in Verbindung. Markus Korn erbringt noch immer tagtäglich Spitzenleistung.

So kann es sein. Doch vielerorts sieht es ganz anders aus.

BEISPIEL

Coaching mit einem Manager bei einer großen Versicherung. Nach einem kurzen Warming-up erzählt er ziemlich aufgeregt: »Wissen Sie, wir hatten letztes Jahr in meinem Bereich das beste Ergebnis der gesamten Geschichte unseres Konzerns. Natürlich, es war auch etwas Glück dabei. Aber insgesamt haben wir das ganze Jahr über hart für unseren Erfolg gearbeitet. Wir haben alles gegeben, als Team und jeder einzelne. Ich geriet oft an meine Grenzen, sowohl psychisch als auch physisch.« Er macht eine lange Pause. »Und wissen Sie, was das Schlimme daran ist? Das Schlimme ist, dass am 1. Januar alle Uhren wieder auf null gestellt werden und die Latte dann noch ein bisschen höher gelegt wird.«

Klar haben wir Verständnis für diesen Mann und seine Haltung. Wer würde an seiner Stelle nicht resignieren? Zumindest im ersten Augenblick. »Doch, halt!«, möchte ich Ihnen zurufen. »Nicht resignieren, nicht aufgeben ...« Genau das ist doch das Leben. Ihr Leben ist nicht am 31.12. zu Ende. Sie starten doch bloß in die nächste Runde. Und nach weiteren zwölf Monaten in die übernächste. Wieder und wieder, jedes Jahr.

Das Leben ist kein Sprint

Auch wenn viele es glauben und sich so verhalten: Es geht nie – nie (!) – darum, nur die nächste Runde zu überstehen. Sie werden noch unendlich viele Runden laufen. Beruflich, persönlich, in Ihrer Beziehung. Das ist immer so. Das sind die Spielregeln. Die muss man kennen und sich danach ausrichten. Dann kann – fast – nichts mehr passieren. Auf eine Laufstrecke übertragen, könnte man formulieren: Das Leben ist kein Sprint. Es ist nicht einmal ein Marathon. Das Leben besteht aus unzähligen Sprints und Ruhephasen, aus vielen Marathons, aus Vorbereitung, Nachbereitung, aus Regeneration, Schlappheit, Verletzungen, entscheidenden Augenblicken und, und, und.

In jedem von uns steckt ein Spitzenleister

Vielleicht liest sich das auf den ersten Blick nicht allzu aufbauend. Nichtsdestotrotz kann es durchaus erquicklich sein. Schließlich gibt es genügend Vorbilder, die langfristig erfolgreich waren und aufzeigen, wie gut das funktionieren kann. Bekannt, da in der Öffentlichkeit stehend, sind Sportler, Manager, Schauspieler, Unternehmensführer, Politiker, Musiker. Betrachtet man solche Musterexemplare des langfristigen Erfolgs, keimt schnell der Verdacht auf, nur ganz besondere Ausnahmetalente wären zu dauerhaften Spitzenleistungen befähigt. Dass dem nicht so ist, dass auch »ganz normale« Menschen dauerhaft Spitzenleistungen erbringen können, zeigen die Beispiele in diesem TaschenGuide. Vielleicht erkennen Sie sich in dem einen oder anderen der dort beschriebenen Alltagshelden wieder oder lassen sich von ihm beflügeln.

> Es kann unendlich wohltuend sein zu wissen, dass die Oma zwei Straßen weiter schon seit Jahrzehnten persönliche Spitzenleistung erbringt. Sie wird es wohl anders bezeichnen, aber im Grunde arbeitet sie nach den gleichen Prinzipien wie der Inhaber eines Firmenimperiums oder ein Olympiasieger.

Es geht nicht um andere, es geht um Sie

»So, wie es momentan bei mir läuft, soll es nicht mehr weitergehen.« Manche, von denen ich dies höre, sind auf einem mehr oder weniger geradlinigen Weg nach oben, machen Karriere. Andere haben längst Karriere gemacht. Und wieder andere wissen überhaupt nicht mehr, warum sie in ihrem Job ständig Vollgas geben sollen. Allesamt haben diese Menschen schon viel geleistet, und alle spüren sie, dass dies auf Dauer nicht so weitergehen kann. Dass sich die Kräfte erschöpfen, dass etwas nicht stimmt, dass sie nicht bis zum Ende ihres Berufslebens durchhalten können. Die Crux: Mal so richtig Gas geben kann fast jeder. Ein Strohfeuer entfachen? Schnell mal einen guten Eindruck machen? Nichts leichter als das.

Nicht von ungefähr bekämpfe ich allerorts das Phänomen des »Impressions-Managers«. Das ist jene Sorte von Führungskräften, der es wichtiger ist, Eindruck zu schinden, als solide Leistungen zu erbringen. Nur selten sind diese beiden Zielsetzungen deckungsgleich. Der gute Eindruck ist oft Blendwerk und meist von nur kurzfristiger Natur. Das erinnert an das sog. Home Staging. Da wird eine Immobilie vor dem Verkauf tüchtig »aufgehübscht«: schöne frische Farben an die Wände, alles sauber, poliert, hübsche Leihmöbel. Das garantiert einen guten Eindruck – und einen höheren Verkaufspreis. Schon Konfuzius stellte fest: »In alten Zeiten lernte man, um sich selbst zu vervollkommnen; heute tut man es, um auf andere Eindruck zu machen.« Ganz im Sinne des chinesischen Weisen und konträr zum Gebaren des Impressions-Managers geht es langfristig nie darum, anderen einen guten Eindruck zu vermitteln. Es geht in erster Linie um Sie selbst. Doch wie schaffen Sie es, nicht nur kurzfristig, sondern tagtäglich, über Jahre und Jahrzehnte hinweg, Ihr Bestes zu geben? Auch in schwierigen Phasen? Vor allem im Alltag, wo schleichende Gewohnheiten häufig gefährlicher die Kräfte schwinden lassen als eine kurzfristige Krise?

Es heißt, man erkenne den Charakter eines Menschen am besten daran, wie er sich ohne Zuschauer und Beobachter verhält. Und genau das ist der Punkt: Sind Sie bereit, Ihr Bestes zu geben, auch wenn niemand zuschaut, es niemanden interessiert?

BEISPIEL

> Dr. Stefan Lenzenbroich, Leiter der 250 Mitarbeiter starken Qualitätsentwicklung eines größeren Unternehmens: »Ich bin 43 Jahre alt, seit fast 25 Jahren im Beruf. Ich weiß noch genau, wie ich damals angefangen habe. Schon in den ersten Monaten konnte ich überzeugen, erste Erfolge einfahren. Das fiel schnell auf, auch in der HR-Abteilung. Ich kam in ein Förderprogramm, durfte Zusatzqualifikationen erwerben, im Ausland Symposien besuchen und vieles mehr. Anfänglich wirkte das auf mich wie eine Droge: Beförderung, mehr Gehalt, höheres Ansehen, mehr Macht, Einfluss, Verantwortung. Wow! Gut so! Genau so sollte es weitergehen. Doch irgendwann, ich kann gar nicht genau sagen, wann und durch welche Umstände, kam bei mir allmählich ein Gefühl hoch, besser gesagt eine Erkenntnis: Mir geht es ja gar nicht besser, wenn ich immer schneller unterwegs bin. Im Gegenteil, ich fühlte mich immer schlechter. Ich fragte mich: Wo wollte ich eigentlich ursprünglich hin? Mir machte die Arbeit trotz meiner Erfolge weniger und weniger Spaß. Und dann kam ganz plötzlich der Zusammenbruch: Burn-out! Ohne ihn hätte ich nie gemerkt, dass ich auf meiner Überholspur geradewegs in eine Sackgasse gerast bin.«

Liest man dies, wird klar: Das Ziel ist nicht eine einmalige Wahnsinnsleistung. Es steht nicht einmal im Brennpunkt, zig-fach Erfolge einzufahren. Nein, es geht darum, ausdauernd auf einem hohen – vielleicht dem persönlich höchstmöglichen – Niveau zu agieren und dabei nicht nur nicht auszubrennen, sondern sich auf Dauer Lust und Leidenschaft an der Sache zu bewahren. Die Thematik bezieht sich keinesfalls einseitig auf den Beruf – sie ist auch keine Ode an die hoch gepriesene »Work-Life-Balance«. Eher das Gegenteil.

Warum Work-Life-Balance nicht erstrebenswert ist

Warum sich persönliche Spitzenleistung nicht auf den Beruf beschränkt, wird schnell offensichtlich, wenn man ins Privatleben der Menschen blickt: Ist es nicht eine enorme persönliche Spitzenleistung, wenn sich ein ehrenamtlicher Helfer über 40 Jahre im Kinderhospiz engagiert? Es kann durchaus eine Spitzenleistung sein, wenn ein Mensch sein Leben lang zufrieden ist mit dem Wenigen, das er hat. Eine Beziehung über viele Jahrzehnte zu pflegen und hochzuhalten, kann eine weitaus größere Leistung sein, als eine Bilderbuchkarriere hinzulegen. Sie sehen: Langfristige Spitzenleistung ist in allen Bereichen möglich. Deshalb und in aller Deutlichkeit nochmals: Der Beruf ist nur eines unter vielen Steinchen im Lebensmosaik.

Physikalisch lässt sich Spitzenleistung ganz einfach definieren. Hier gilt die Formel »Je mehr, desto besser«:

$$\text{Leistung} = \frac{\text{Arbeit}}{\text{Zeit}}$$

Noch eine Bemerkung zum Schlagwort »Work-Life-Balance«, kurz WLB: Es scheint in Mode zu sein, alles in Balance bringen zu wollen. Alles soll ausgewogen sein, von der Arbeitsbesprechung und der Ernährung bis – ein Blick ins Badezimmer beweist es – zum Shampoo. Mir scheint diese lebensgroße Ausgewogenheit, die Work-Life-Balance, kein erstrebenswerter Zustand. Sollten sich bei Ihnen eines Tages alle Bereiche im absoluten Gleichgewicht befinden, sind Sie tot. Denken Sie mal zurück, wann und in welchen Phasen Sie Ihre größten Erfolge errungen haben, egal in welchem Bereich – es war ganz sicher immer in einer Phase des Ungleichgewichts. Es verhält sich zwangsweise so: Fokussiere ich mich auf meine wichtigsten Themen, habe ich weniger Zeit und Energie für andere. Und schwupps ist es da: das Ungleichgewicht.

Ein Leben lang Spitzenleistungen – Horror- oder Idealvorstellung?

Bleiben wir beim Beruf: Es ist also offensichtlich, dass Sie Ihre Arbeit danach ausrichten müssen, unvorhersehbar viele Runden durchzuhalten. Vorausgesetzt, Sie wollen überhaupt hochwertige Arbeit leisten. Ist dies nicht der Fall, nun ja – dann legen Sie dieses Buch am besten zur Seite und greifen zum TaschenGuide »Selbstmotivation«. Aber Scherz bei Seite: Stellen Sie einmal einer Kollegin oder einem Nachbarn die neutrale Frage: »Was verbindest du mit der Vorstellung, ein Leben lang Spitzenleistung zu erbringen?« Genau diese Frage habe ich während der Recherche für dieses Buch 247 Seminarteilnehmern gestellt. Insgesamt kamen fast ausschließlich negative Assoziationen, was mich ziemlich erstaunte. Es fielen Äußerungen wie: »Das schafft doch eh keiner«, »Genau das führt doch in den Burnout!«, »Typisch für unsere Gesellschaft – gut ist nicht mehr gut genug« etc. Solche Antworten hängen mit der Vorstellung zusammen, sich für Erfolge jahrzehntelang aufreiben zu müssen. Wir gehen Großes nicht (mehr) oder (nur noch) selten an und versinken im Mittelmaß.

Kaum jemand unter den Befragten äußerte sich wie Michelangelo, der vor über 600 Jahren schon erkannte: »Die größte Gefahr für die meisten ist nicht, dass wir uns zu hohe Ziele stecken und daran scheitern. Die größte Gefahr für die meisten von uns ist, dass wir uns zu wenig vornehmen und das tagtäglich erreichen.«

Keinesfalls möchte ich den Eindruck vermitteln, es bereite permanent Lust und Freude, jeden Augenblick sein Bestes zu geben.

BEISPIEL

> Ich darf mich selbst als unrühmliches Beispiel anführen und drehe die Zeit etwas zurück ins Manuskriptstadium dieses Büchleins. Selbst

> so ein kleines Werk schreibt sich nicht einfach und geschmeidig von allein, geschweige denn in einem Rutsch. Während der Arbeit freue ich mich unbändig auf das Ergebnis. Aber jetzt, gerade in diesem Augenblick, da ich mich zum dritten vierten fünften sechsten Mal ans Manuskript setze, es kürze und verfeinere, ist es eine mühsame und äußerst anstrengende Tätigkeit.

Erfolg – was ist das überhaupt?

Wie schon erwähnt, legen wir uns hier nicht ausschließlich auf berufliche Themen fest. Das sei nochmals betont. Erstaunlicherweise dachten über 87 % der von mir interviewten Seminarteilnehmer bei der Frage, was Erfolg überhaupt sei, zuerst an wirtschaftlichen Erfolg. Darum geht es in diesem Buch auch. Die Betonung liegt auf »auch«. Der berufliche Erfolg steht nämlich gleichrangig neben Erfolgen in allen anderen wichtigen Lebensbereichen. Erfolg kann ebenso die Überwindung einer Beziehungskrise sein, das Erreichen eines sportlichen Ziels oder die Erkenntnis, dass die eigenen Kinder »wohlgeraten« sind. Nicht wissenschaftlich ausgedrückt, stellt sich immer dann Erfolg ein, wenn etwas so gut wird, wie geplant, oder sogar besser klappt, als erwartet.

Kurzfristiger und langfristiger Erfolg

Wenn schon das gegenwärtige Tun so mühsam ist, wie soll man erst über viele Jahre sein Bestes geben? Geht das überhaupt? Ist es sinnvoll? Ja, es geht und es macht Sinn. Sonst gäbe es beispielsweise dieses Buch nicht. Zäumen wir die Frage andersherum auf, um es klarer zu machen: Möchten Sie Ihr Leben lang mittelmäßige Leistung erbringen? Lassen Sie diesen Satz ruhig auf sich wirken. Stellen Sie sich ernsthaft der Frage: Möchten Sie sich das ganze Leben in den wichtigen Bereichen mit mittelmäßigen, durchschnittlichen Ergebnissen zufriedengeben? Wahrscheinlich strebt dies niemand an. Die Antwort legt offen, dass Mittelmäßigkeit und Durchschnittlichkeit nicht erstrebenswert sein können. Spitzenleistung zieht den Menschen an. Dass diese in 80 Jahren, die wir Menschen ungefähr auf der Erde weilen, nicht punktuell sein kann, liegt auf der Hand.

> Im Hochleistungssport gilt folgender Grundsatz: »Jegliche sportliche Ausrichtung auf Erfolge ist langfristiger Natur.«

Es geht nicht darum, eine gelungene Präsentation beim Vorstand zu halten. Es geht nicht darum, den Lebenspartner von der eigenen Meinung zu überzeugen. Und es geht nicht darum, »mal schnell« ein paar Kilo abzunehmen. Worum geht es dann? Sie wissen es selbst oder ahnen es sicherlich zumindest schon: Es dreht sich alles darum, täglich Spitzenleistung zu erbringen, um langfristig Erfolge zu erzielen.

Sichtbare und unsichtbare Spitzenleistung

Das Leben besteht ähnlich einem Fluss aus vielen Phasen des langsamen, ruhigen Dahingleitens, abgelöst von gefährlichen

Stromschnellen, Wasserfällen, einem unendlich scheinenden Stausee, Schleusen, flachen und tiefen Stellen, frischen und sauberen Etappen sowie wahren Schmutzwasserstrudeln. In einem Jahr herrscht Hochwasser, im nächsten Niedrigwasser. So ist das Leben. Und wie es im Flussverlauf sichtbare und unsichtbare Stellen gibt, so gibt es im Leben sichtbare und unsichtbare Leistung.

BEISPIEL

> Schauen wir uns dazu das Leben von Spitzensportlern an, z. B. dem legendären Mittelstreckenläufer Rudolf Harbig oder Usain Bolt, dem lange Zeit unschlagbar erscheinenden 100-Meter-Sprinter. Tritt Bolt bei einem wichtigen Wettbewerb an, gibt er alles, fliegt mit Leichtigkeit über die Bahn und ist danach völlig ausgepumpt – nach weniger als zehn Sekunden. In diesem Augenblick denkt niemand an die vielen Monate und Jahre, die er für diese wenigen Sekunden trainierte, in denen er Krisen durchmachte, Verletzungen auskurierte, an Kleinigkeiten feilte, seine Technik perfektionierte und so vieles mehr.

So läuft es beim derzeit besten Sprinter der Welt. So läuft es bei einem Trainer, einem Marketingleiter, einem Buchhalter. So läuft es bei einem Handwerker, bei einer Mutter, einem Pfarrer, einem Bergsteiger, einem Landesoberhaupt. So läuft das bei Ihnen. Ihre sichtbaren Leistungen bewerten andere. An der Gesamtleistung messen Sie sich selbst.

Was, wenn die Kraft zu fehlen scheint?

Durchgehende Spitzenleistung ist den meisten oft nach wenigen Jahren zu kraftraubend, wie z. B. unserem Herrn Lanzenbroich. Dann werden Seminare in Stressmanagement gebucht oder Auszeiten genommen. Und dann? Ja, was dann, wenn selbst diese Maßnahmen keine oder nur eine kurzfristige Entlastung bringen? Die Leistung herunterschrauben? Yoga-Übungen? Duftkerzen? Neben mir liegen – unverlangt zugesandte – Duftkerzen. Laut beiliegendem Zettel dienen sie der Stärkung der Willenskraft. Nicht nur Manager rümpfen da die Nase und machen sich lustig. Bei solch tiefgründigen Themen helfen kein Kerzenwachs und kein Heftpflästerchen. Da hilft nicht einmal mehr eine Operation. Radikaleres ist angesagt. Das Wort »radikal« leitet sich ab vom lateinischen »radis«, der Wurzel. Es geht also darum, etwas von der Wurzel her zu packen und nicht nur an den Symptomen herumzudoktern. Um es ebenso radikal zu sagen: Dieser TaschenGuide ist nichts für bewusste Minderleister, Faulpelze oder Impressions-Manager. Er ist ein Gefährte für diejenigen, die schon viel auf die Reihe gebracht haben und noch lange Jahre ihr Bestes geben wollen – auch und gerade, wenn es niemanden sonst interessiert. Nicht mehr und nicht weniger.

Schön, dass Sie weiterlesen ...

Persönliche Spitzenleistung unter der Lupe

Schlagen wir wieder etwas gemäßigtere Töne an, wir sind jetzt ja unter uns.

Was bedeutet persönliche Spitzenleistung, so wie wir sie verstehen? Hier hilft uns wiederum ein Vergleich.

Durchschnittliche Leistungen

- erledigen wir mit halber Kraft,
- geben uns keine Selbstbestätigung,
- machen uns auf Dauer müde,
- lassen uns abstumpfen,
- werden nicht beachtet,
- werden nicht hinterfragt.

Spitzenleistungen

- geben uns ein Höchstmaß an Energie,
- schenken uns Selbstbestätigung und Selbstachtung,
- werden beachtet bzw. stehen im Mittelpunkt,
- spornen zu weiteren Spitzenleistungen an,
- machen gute Laune,
- veranlassen uns stets, sich aufs Neue zu hinterfragen.

Persönlich heißt: individuell

Ein Reinhold Messner konnte wegen seiner hohen körperlichen Leistungsfähigkeit in jungen Jahren leichter auf die Achttausender dieser Welt gelangen, als die meisten von uns. Dieses Beispiel zeigt ganz gut: Leistung ist immer an persönlichen Maßstäben festzumachen. »Ist ja selbstverständlich!«, mögen Sie jetzt einwerfen. Leider nicht. Fast alle Menschen vergleichen sich ständig mit anderen. Diese Vergleiche hinken immer (!), da wir unterschiedlich sind. Mit dieser Erkenntnis lässt es sich in der Regel zurechtkommen, auch wenn sie oft ungute Gefühle hinterlässt. Was aber, wenn andere Menschen uns mit anderen Maßstäben messen?

BEISPIEL

> In Wettkämpfen und Prüfungen wird die Leistung mittels Normzahlen definiert. Bei 7 Fehlern im Diktat gibt es die Note 3. Mit 9,58 Sekunden auf 100 Meter läuft man Weltrekord. Erwachsene zwischen 35 und 50 Jahren haben 1,3 Mal Sex in der Woche mit ihren Lebenspartnern. Ein Neugeborenes wiegt 3.250 Gramm. Das durchschnittliche Umsatzwachstum in der Branche XY liegt bei 4,75 % pro Jahr.

Das Diktat der Normen und Kennziffern

Selbstredend werden wir ständig an solchen Daten abgeglichen. In vielen Unternehmensbereichen werden ganz selbstverständlich von außen die Maßstäbe gesetzt – der Einzelne wird dann an Durchschnitten, Benchmarks, Kennziffern oder anderen vergleichbaren Größen gemessen. Rechnet man uns vor, was die Norm, also normal, ist oder was Spitzenleistung sein soll, ist dies mehr als problematisch. Die Berufswelt diktiert ständig, woran wir uns zu orientieren haben. Und wenn es Maßstäbe gibt, gelten sie natürlich für alle.

BEISPIEL

> Im Sportunterricht gibt es in der fünften Klasse die Note 1,0 im Hochsprung der Mädchen bei 1,15 Metern, unabhängig davon, ob das Kind neun Jahre alt und dick und klein oder 12 Jahre alt und groß und schlank ist. Immerhin wird nach Mädchen und Jungen unterschieden.

Ungerecht? Mit Sicherheit. Ändern werden wir es kaum können, weder in der Schule noch im Berufsleben. Wohl aber bei uns selbst. Denn nur wir allein können wahrhaft bestimmen, wie unsere Leistungen einzuschätzen sind. Vielleicht schätzt Messner einige seiner Achttausender-Begehungen selbst gar nicht so hoch ein? Gegenbeispiel: Ein Seminarteilnehmer, der vor 15 Jahren die Zugspitze erklomm, ist heute immer noch stolz auf diese – für ihn außergewöhnliche – Leistung.

> Spitzenleistung hängt vom ganz persönlich angestrebten Ziel ab. Spitzenleistung ist deshalb keine absolute, sondern eine individuelle Größe.

Als Tipp an dieser Stelle: Machen Sie sich frei von Bewertungsmaßstäben, die andere an Sie anlegen. Setzen Sie sich Ihre Maßstäbe selbst. Intensiv geht es um dieses Thema im Kapitel »I did it my way – Ihr Weg zum Erfolg«.

Keine Frage der Selbstmotivation, oder etwa doch?

Zu meinen Lieblingsvordenkern und -autoren zählt Tom Peters, einer der beiden »Management-Gurus« aus den USA. Der andere ist Peter Drucker, der ebenso großartige Visionen entwickelt, aber nicht ganz so eingängig darüber schreibt. Beide sind seit Jahrzehnten als Experten unterwegs und wahre Prachtexemplare des dauerhaften Spitzenleisters. In einem seiner Bücher schreibt Peters, zu seinen absolut vorrangigsten Aufgaben gehöre »die Pflege und Steuerung meiner Selbstmotivation«. Ob Sie dauerhaft Spitzenleistungen erbringen, hängt zuallererst von Ihrer Selbstmotivation ab. Sie ist der Dreh- und Angelpunkt aller Ihrer Vorhaben. Tun Sie etwas dafür! Halten Sie Ihre Motivation konstant hoch (ausführlich beschrieben im TaschenGuide »Selbstmotivation« und in meinem Standardwerk für Fach- und Führungskräfte »Dauerhafte Selbstmotivation«).

Warum es immer leichter wird

Zur bewussten Entscheidung genügt eine einzige Sekunde der Entschlossenheit wie bei Markus Korn aus dem Beispiel am Anfang des Kapitels. Zur täglichen und jahrzehntelangen Umsetzung dieser Entschlossenheit braucht es Ihr Leben. Wobei es immer leichter wird. Diese Aussage dient nicht etwa Ihrer Beruhigung. Es ist die beeindruckende Erfahrung all jener, die diesen Weg beschreiten. Es ist wie bei einem Kinderkarussell.

BEISPIEL

> Stellen Sie sich einen Spielplatz mit einem riesigen Kinderkarussell mit Sitzen für 40 Kinder vor. Alle Plätze sind belegt. Die 40 Racker schreien im Chor: »Anschieben! Anschieben!!«, aber außer Ihnen ist weit und breit kein Erwachsener in Sicht. Also schieben Sie an – aber: es rührt sich nichts. Viel zu schwer. Sie drücken fester. Nichts. Sie stemmen sich gegen den Boden und bringen Ihr ganzes Gewicht zum Einsatz – nichts. Drei Fahrradfahrer halten an und lachen ob Ihrer Bemühungen. Dann helfen sie. Vier kräftige Erwachsene schaffen es nun, das Karussell langsam, ganz langsam, in Bewegung zu setzen. Nachdem es ordentlich Schwung aufgenommen hat, meint einer der Fahrradfahrer: »Wir müssen weiter. Jetzt schaffst du es ja allein.« Sie bleiben etwas verdutzt zurück. Aber, siehe da: Es stimmt. Es ist für Sie nun ein Leich-

> tes, das Karussell in Schwung zu halten. Es scheint sogar, dass es mit jeder weiteren Umdrehung mehr an Schwung gewinnt.

Genauso verhält es sich mit dem Karussell des Lebens. Anfangs fragen Sie sich möglicherweise, wie Sie Ihre Vorhaben, die auf Spitzenleistung zielen, jemals zum Laufen bringen wollen. Vielleicht benötigen Sie Hilfe. Dann wird es leichter und leichter, und irgendwann genügen kleine Schübe, um die Geschwindigkeit zu halten.

Zur Motivationssteigerung gibt es viele Angebote. Es gibt Literatur oder Seminare dazu. Wie sich aber Erfolge langfristig etablieren lassen, steht nirgends. Falls doch, verlieren sich die Verfasser in »So-müssen-Sie-das-machen«-Anleitungen. Die finden Sie hier garantiert nicht. Dafür aber die wichtigsten Zutaten. Wählen Sie die passendsten für sich aus.

Auf einen Blick: Mittelmaß oder Spitze?

- Nur derjenige, der mit Begeisterung und Leidenschaft bei der Sache ist, kann dauerhaft das Beste geben.
- Dabei geht es nicht darum, Normen und Maßstäbe anderer zu erfüllen. Es geht ausschließlich um Sie selbst. Fragen Sie sich: Was ist wirklich wichtig für mich?
- Wer für sich selbst definiert hat, was für ihn Erfolg ist, brennt nicht aus, sondern brennt für seine Ziele und hat damit auch die Kraft und Energie dauerhaft am Ball zu bleiben.

»I did it my way« – Ihr Weg zum Erfolg

Nur wenn Sie Ihren eigenen Weg gehen, können Sie langfristig das Leben führen, das Sie sich wünschen. Doch oft ist dieser Pfad verschüttet oder verstellt mit Hindernissen, sodass Sie ihn kaum sehen können.

In diesem Kapitel erfahren Sie u. a.,

- warum der eigene Weg der einzige ist, der zu dauerhaften Spitzenleistungen führt,
- warum gesellschaftliche Zwänge und Erwartungen anderer so hinderlich sind,
- wie Sie mit effektivem Nachdenken und planerischem Vordenken gegensteuern,
- wann Sie sich ein anderes Umfeld suchen sollten.

Wie würde Steve entscheiden?

Steve Jobs, der Gründer von Apple, wurde schon zu Lebzeiten in seiner Branche wie ein Messias verehrt. Was er anfasste und oft spektakulär ankündigte, wurde meist zu Gold bzw. Geld. Umso schwieriger würde es für denjenigen werden, der in seine Fußstapfen als Apple-Vorstand treten würde. Als Jobs wusste, dass er bald sterben würde, führte er viele Gespräche mit seinem Nachfolger Tim Cook. Was meinen Sie: Wie hat Steve Jobs seinen Thronfolger wohl vorbereitet, was hat er ihm gesagt und geschrieben? Jobs gab Cook nur einen einzigen Rat: »Frag dich niemals, was Steve jetzt tun würde. Triff immer deine eigene Entscheidung!«

Und das ist auch die Kernbotschaft in diesem Kapitel: Fragen Sie sich nie, was andere tun oder gutheißen würden. Fragen Sie sich, was Sie selbst gutheißen. Genau dies ist die elementare Grundvoraussetzung für langfristigen Erfolg.

BEISPIEL

> »Ich stamme aus einer gutbürgerlichen Familie. Mein Vater ist Studienrat, die Mutter Grundschullehrerin. Das gesamte Familienumfeld ist akademisch, intellektuell geprägt. Als ich nicht studieren wollte, war die Aufregung groß. Doch ich setzte mich durch und machte eine Schreinerlehre. Das war aber nicht das »Gelbe vom Ei«. Deshalb sattelte ich auf Mediendesigner um. Meine Eltern und meine Freundin beknieten mich, doch wenigstens noch zwei, drei Jahre als Schreiner weiter zu arbeiten. Mein Vater wollte mir sogar eine Festanstellung in einer großen Holzhandlung vermitteln. Als ich mich dann als Mediendesigner selbstständig machte und ein kleines Büro einrichtete, kam es fast zum Bruch mit den Eltern. Doch ich blieb eisern. Das ist jetzt

> sieben Jahre her. Nach Startschwierigkeiten läuft derzeit alles prima, auch wenn ich nicht weiß, was die Zukunft bringen wird. Ich bin froh, dass ich damals nicht klein beigegeben habe.« Jonas Wetzlaff, Mediendesigner

Dreimal hätte das Leben von Jonas Wetzlaff eine andere Wendung nehmen können, sofern er nach eigenen Worten klein beigegeben hätte. Niemand behauptet, es sei leicht, eigene Entscheidungen zu treffen – womöglich sogar gegen die Eltern oder herrschende Meinungen. Doch dies ist eine unabdingbare Notwendigkeit, wenn Sie langfristig Spitzenleistung zur Normalität werden lassen wollen.

Das Magische Quadrat

Es gibt vier Hebel, die Ihnen dabei helfen, Ihren eigenen Weg zu dauerhaften Spitzenleistungen zu finden. Sie sind hier im Magischen Quadrat zusammengefasst.

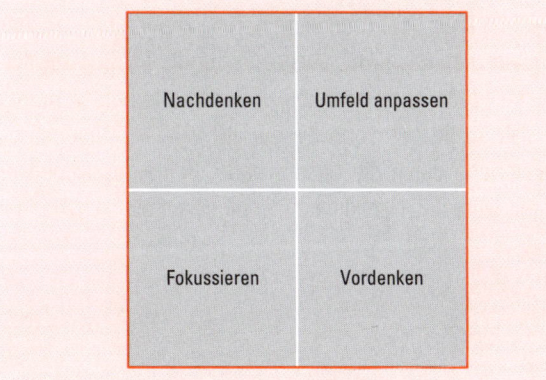

Das Magische Quadrat

Hebel Nr. 1: Nachdenken

Es hört sich so einfach an: »Ich muss (mehr) nachdenken!« Doch das Umsetzen der Ergebnisse aus dem Nachdenken ist unbequem, anstrengend, oft mit unangenehmen Folgen verbunden – und mit einem schlechten Gewissen, wenn man sie nicht umsetzt. Und daher weichen die meisten Menschen bereits dem Nachdenken darüber aus.

Hier ist von *effektivem* Nachdenken die Rede, das in konkrete, Handlungen mündet und sich dadurch ganz klar vom beliebten Grübeln unterscheidet. Letzteres kann leicht in eine Abwärtsspirale führen, die notwendige Veränderungen ausbremst.

> »Nimm dir Zeit zum Nachdenken, aber wenn die Zeit zum Handeln kommt, hör auf mit Denken und geh los.« (Andrew Jackson)

Effektives Nachdenken ist zielorientiert und sucht nach Lösungen. Dabei gilt es zwei Grundbarrieren zu kennen und zu überwinden. Tut man das nicht, verspielt man die Chance, tatsächlich eigene produktive Gedanken zu fassen. Die beiden Hürden lassen sich in die Aussagen fassen: »Ich muss dazugehören«, und »Erziehung durch die Gesellschaft«. Beide zusammen ergeben ein Duo, das Nachdenken zu einer äußerst schwierigen Übung geraten lässt.

Die »Ich muss dazugehören«-Barriere

Wer tut, was die anderen tun, denkt meist auch, was die anderen denken. Damit bleibt er »normal«, also in der Norm, und kann schon dem Wortsinn nach keine Spitzenleistungen erbringen. Doch woher kommt unsere Neigung, sich gruppenkonform zu verhalten? Aufschluss darüber gibt uns ein Blick auf die Evolutionsgeschichte des Menschen: Seine überlebenstechnisch bedeutsamste Fähigkeit war schon immer die Anpassung. Das haben wir bis zur Perfektion verinnerlicht. Je besser der Mensch sich an die jeweilige Umgebung anpassen konnte, desto höher waren seine Überlebenschancen. Freilich mussten sich unsere steinzeitlichen Vorfahren nicht nur an ihre raue Umwelt anpassen, sondern vor allem an die Sippe. Mit dieser mussten sie klarkommen, sonst wurden sie ausgestoßen und waren damit so gut wie tot. Aus diesem lebensnotwendigen Zwang entwickelte sich das Bedürfnis, dazugehören zu wollen. Eben weil dieses Bedürfnis so tief in uns verwurzelt ist, fällt es so unendlich schwer, eine Balance herzustellen zwischen dem, was wir selbst wollen, und dem, was unser Umfeld (von uns) will.

BEISPIEL

> Vor rund 200 Jahren gab es unter anderem in Frankreich und Österreich den Beruf des Claqueurs. Zur »Sicherstellung des Erfolges« wurden Claqueure für Theater- oder Opernvorstellungen engagiert. Sie mischten sich während der Vorstellung unter das Publikum. Ihre Aufgabe bestand darin, den Schauspielern Applaus oder gar stehende Ovationen zu spenden. Sie kennen das vielleicht aus heutigen Veranstaltungen: Einer beginnt plötzlich zu klatschen, ein paar andere fallen zögerlich ein, zuletzt klatscht der ganze Saal. Für die Claqueure gab es sogar unterschiedliche Gagen, je nachdem, wie stark und wie lang sie Stimmung machen sollten.

Was steckt hinter dem heute etwas anrüchig anmutenden Berufszweig von damals? Nun, klatscht mein Nebenmann als einziger, denke ich vielleicht noch, dass er vollkommen danebenliegt. Klatschen jedoch die gesamten beiden Reihen vor und hinter mir, dann klatsche ich eben mit – womöglich habe ich etwas nicht verstanden. Beim Mitklatschen bin ich auf der sicheren Seite. Ich gehöre schließlich zu dieser Gemeinschaft. Da macht man, was sich gehört. Dann macht man artig mit und stellt das eigene Denken ein. Das ist eine verbreitete Folge des elementaren menschlichen Bedürfnisses, dazugehören zu wollen.

> »Viele Menschen verhalten sich konform und bewundern an anderen, wenn diese sie selbst sind.« (Helga Schäferling)

Wie also gehen wir angemessen und zeitgemäß damit um? Schließlich stirbt heute niemand mehr, wenn er nicht gruppenkonform agiert. Schauen wir dazu auf den anderen Teil des Barrieren-Duos. Betrachten wir, in welch widrigem Umfeld wir Spitzenleistungen vollbringen wollen – und vergessen wir nicht, dass erheblicher Widerstand zu erwarten ist.

Die nächste Barriere: Erziehung durch die Gesellschaft

Wir alle wollen dazugehören. Was aber passiert, wenn einer es nicht will? Zunächst einmal versucht die Masse, den Ausreißer einzufangen. Das gelingt unserer Gesellschaft wunderbar. Von klein auf erleben wir die Versuche, uns an der Norm auszurichten: Eltern legen meist Wert darauf, dass ihr Kind nicht »aus dem Rahmen« fällt. Es soll sich prima mit allen anderen Kindern verstehen, gute Noten schreiben und nach der Schule möglichst direkt in den Beruf einsteigen. In der Schule herrscht sowieso Gleichmacherei: standardisierte Fragen, standardisierte Antworten, die gelernt und geäußert werden müssen.

> **Die Schule der Tiere**
>
> Die kleine Ente freute sich schon unbändig auf ihren ersten Tag in der Schule der Tiere. Dort bestand der Unterricht aus Rennen, Klettern, Fliegen und Schwimmen. Alle Tiere wurden in allen Fächern unterrichtet.
>
> Am ersten Tag war Schwimmen angesagt. Die kleine Ente war großartig. Der Lehrer lobte sie überschwänglich. Als sie nach Hause kam, strahlte sie und war glücklich. Am nächsten Tag stand Klettern auf dem Stundenplan. Der Lehrer führte die Erstklässler an einen Baum und sagte: »Versucht mal, so weit wie möglich nach oben zu kommen.« Der Adler flog empor, das Eichhörnchen flitzte den Stamm hinauf und die Schnecke kroch gemächlich hinterher. Nur die Ente kam überhaupt nicht voran. Note 6. Sie war traurig. Die Eltern wollten ihr helfen, verordneten ihr Nachhilfe in Klettern. Die Freizeit der jungen Ente schränkten sie stark ein, damit sie es wieder und wieder üben konnte. So konnte sie kaum mehr im Teich mit ihren Artgenossen planschen und wurde immer trauriger.

Nun geht es nicht darum, dieses System zu ändern, weder in der Schule noch in der restlichen Gesellschaft (obwohl ich das gerne täte). Das ist Kraft- und Zeitverschwendung. Viel effektiver ist es, dieses System zu durchschauen und eigene Schlüsse und Konsequenzen daraus zu ziehen. Von außen lässt sich manches viel klarer erkennen. Jeder weiß, dass Enten erst gar nicht versuchen sollten zu klettern. Doch was denkt unsere kleine

Ente? Wie stark sind die Einflüsse, die scheinbaren Zwänge von außen?

Die Standards und Normen hören nicht etwa mit der Volljährigkeit auf zu existieren. Sie ziehen sich weiter durch unser Leben: ob Berufswahl, Bewerbungsgespräch, Assessment-Center, Zusammenleben mit den Nachbarn und Kollegen, selbst bei der Partnerwahl können uns die Vorstellungen anderer entscheidend beeinflussen.

BEISPIEL

> Teamgeist ist heutzutage absolut angesagt. Können Sie sich einen Fußballnationalspieler vorstellen, der nach einem grandiosen Länderspiel in die Kamera sagt: »Ich war überragend. Klar, die Mannschaft war stark. Aber meine eigene Leistung war sensationell.« Der Trainer würde ihn wahrscheinlich sofort aussortieren, wie diverse andere »Quertreiber« auch. Im günstigsten Fall, und wenn es sich um einen unersetzbaren Spieler handelt, bekommt er ein paar Stunden Nachhilfe in Medienpräsenz. Solche Aussagen sind ja schließlich richtungsweisende Signale an die anderen Spieler.

Kommen wir zum Punkt: Eine eigene Meinung zu haben, das persönlich Wichtige zu tun, bedeutet immer auch – manchmal mehr, manchmal weniger –, ein Quertreiber zu sein. Man muss sich trauen, die Gruppe zu verlassen, sich über unausgesprochene Normen hinwegzusetzen, aufzufallen. Und man muss sich über die möglichen Folgen im Klaren sein.

BEISPIEL

> Sagen Sie Freitagabend mal zu Ihrem Chef, der noch schnell einen fertigen Bericht haben möchte, dass Sie Ihrer kleinen Tochter versprochen haben, pünktlich nach Hause zu kommen – und dann gehen Sie. Oder noch »schlimmer«: Begründen Sie Ihren pünktlichen Feierabend damit, dass Sie heute ausspannen möchten. Ergreifen Sie Position für den Kollegen, der vom Rest des Teams gemobbt wird. Erklären Sie Ihrem Lebenspartner, dass Sie dieses Jahr eine Woche ganz für sich allein Urlaub machen wollen. Rasieren Sie sich eine Glatze oder färben Sie sich die Haare grün.

Ahnen Sie die Reaktionen, die diese Taten oder Äußerungen, die übrigens alle real sind, nach sich ziehen könnten? Sie merken sofort: Wer »aus dem Rahmen fällt«, fällt auf. Die meisten Menschen beschleicht dabei ein unangenehmes Gefühl. Man könnte ja anecken, was man tunlichst vermeiden möchte. Also passen sie sich weiter an, verleugnen ihre eigene Meinung. Klatschen mit. Und siehe da: Es geht doch! Plötzlich kommt man mit der Chefin und den Kollegen besser klar, die Nachbarn blicken nicht mehr argwöhnisch und man ist wieder ein vollwertiges Mitglied der Gemeinschaft. Man wird dazu erzogen, sich so zu verhalten, wie es für gut und richtig angenommen wird. Langfristig resultiert daraus, was Pablo Picasso einmal so treffend auf den Punkt gebracht hat: »Unter den Menschen gibt es unzählig mehr Kopien als Originale.«

Wenn ich Ihnen nun rate, nicht dauernd mit dem Strom zu schwimmen, was bedeutet das dann konkret für Sie?

Wenn Sie dieser Aufforderung konsequent und radikal nachkämen, ergäben sich ziemlich drastische Folgen. In letzter Konsequenz würden wir uns möglicherweise in keiner Weise danach richten, was Eltern, Lebenspartner, Freunde, Bekannte, Nachbarn oder gar der Chef von uns erwarten. Das ist utopisch und nicht wünschenswert.

Es geht jedoch nicht um ein Aussteigen aus gesellschaftlichen Normen oder gar um Revoluzzertum. Es geht darum, sich darüber klar zu werden, was man wirklich will. Es geht darum, wieder selbstständig und für sich nachzudenken, um dann sein Ziel hartnäckig zu verfolgen und dabei umsichtige Kompromisse einzugehen. Wohl abgewogen – oder eben auch nicht. Manchmal helfen eindrucksvolle Erfahrungen oder Schlüsselsätze dabei.

BEISPIEL

> Eckhardt Burke: »In jungen Jahren wandelte ich auf den Wegen, die meine Eltern für mich geteert hatten. Auf einer Feier lernte ich einen faszinierenden Mann kennen, Alois Wintergruber. Er war Landschaftsgärtner und er strahlte eine innere Zufriedenheit aus, wie sie selten anzutreffen ist. Wir unterhielten uns angeregt über seine anstrengende Arbeit, die er so gerne vollbrachte. Irgendwann im Laufe des Gesprächs erwähnte er beiläufig: »... und für meine Eltern war das ja auch nicht so leicht. Die waren beide an der Uni beschäftigt und wollten, dass ich studiere.« Der erste Satz hallte mir noch jahrzehntelang nach. »Für meine Eltern war es ja auch nicht leicht.« Das kehrte meine komplette Anschauung um, die ich bis dahin hatte. Aber, klar, das war auch für mich die Lösung: Sollten eben meine Eltern schauen, wie sie mit meinen Entscheidungen zurechtkamen. Nicht mehr ich, wie ich mit ihren Erwartungen zurechtkommen sollte. Welch erlösender Gedanke. Danke, Alois!«

Natürlich ist es möglich, ein zufriedenes Leben zu führen und sich dabei an den Erwartungen anderer zu orientieren. Es wird aber kaum möglich sein, dieses Leben mit Herzblut und Leidenschaft zu füllen. Und Spitzenleistung wird nur punktuell abgerufen werden können. Genau deshalb ist es unabdingbar, sich frei zu machen vom Mitklatschen, vom Mitdenken und Mithandeln. Es ist schwer, doch es geht!

Aufhalten oder aushalten?

BEISPIEL

> Wir wohnen in einer Siedlung mit vielen ähnlichen Häusern. Alles gutbürgerlich, Garage, Garten, Terrasse, Rasen. Grob geschätzt pflegen von den umliegenden 40 Häusern 100 % der männlichen Nachbarn ihren Garten. Bei uns ist das anders. Da ich beruflich viel unterwegs bin, am Wochenende regenerieren möchte und im Unterschied zu meiner Frau mit dem Garten nichts am Hut habe, kümmert sie sich ums Grün. Das führt mitunter zu samstäglichen Szenen, in denen die Nachbarn ihren Garten pflegen, meine Frau den Rasen mäht – und ich in der Hängematte liege und döse. Als Garten-Schläfer durfte ich mir in den letzten Jahren etliche Kommentare anhören, von humorvoll über bissig bis hin zu vollkommenem Unverständnis.

So lustig dieses Beispiel scheinen mag, so gut dient es zur Anschauung. »Was tun?«, lautet auch hier die Frage. Natürlich dreht sich dieses Beispiel im Kern nicht um mich oder um die Nachbarn, sondern darum, wie man mit dieser Erwartungshaltung von außen umgeht. Ein Mensch weiß, was er möchte, und wird mit einer entgegengesetzten Erwartung von außen konfrontiert. Was kann er tun? Um es wieder auf das Garten-Beispiel zu übertragen: Natürlich könnte ich meine Schläferstündchen auf dem häuslichen Sofa halten oder so tun, als würde ich im Garten helfen. Oder ich könnte versuchen, den Nachbarn mein »auffälliges« Verhalten zu erklären.

Oder aber: Ich halte es einfach aus.

> »Aushalten = der inneren Kraft vertrauen, auch wenn sie ruht!« (Max Maurenbrecher)

Ich halte also diese Spannung einfach aus und fühle mich stark dabei. Hört sich ungewöhnlich an, nicht wahr? Ist es anfänglich auch. Da wirbeln die Gedanken. »Kann das denn richtig sein, wenn (fast) alle anderen etwas anderes erwarten?«, fragt man sich beispielsweise.

Das harmlose, kleine Garten-Beispiel spiegelt schön die Belastung wider, sich nach eigenen Bedürfnissen zu richten und Gegenwind dann auszuhalten. Es ist eben leichter mit dem Strom als dagegen zu schwimmen. Für ein dahinplätscherndes Leben im Durchschnittsmodus passt dieser Treibenlassen-Modus auch ganz prima. Jetzt haben Sie aber zu diesem TaschenGuide gegriffen, in dem es um dauerhaften Erfolg geht. Und genau, wenn es um dauerhaften Erfolg geht, um Spitzenleistungen, funktioniert diese Einstellung absolut nicht mehr. Sie müssen eine eigene Meinung vertreten, auffallen, Sie selbst sein.

Diese Individualität verlangt Mut. Nicht von ungefähr heißt es: »Individualität macht einsam.« Und auch wenn dieser Satz in seiner Absolutheit in den meisten Fällen unzutreffend ist, besteht doch die Gefahr, nicht mehr dazugehören zu dürfen, ausgestoßen zu werden aus der Gemeinschaft. Und wer seine eigene Meinung, seine Individualität bewahren will, muss zumindest zeitweise Einsamkeit ertragen können. Doch es gibt keine Alternative dazu, wenn wir langfristig Erfüllung finden wollen. Gerade passend lese ich ein Zitat von Bundeskanzlerin Angela Merkel, nachdem sie auf einer Veranstaltung intensiv kritisiert wurde: »Ich nehme Ihre Kritik zur Kenntnis.« Punkt. Einfach mal aushalten und die eigenen Bedürfnisse stehen lassen. Ebenso kraftvoll klingt die Aussage von Tom Cook, CEO von Apple, auf einer Analystenkonferenz: »Wir wissen, welche Erwartungen Sie an die Ergebnisse von Apple in diesem Quartal hatten. Diese haben wir nicht erfüllt. Wir haben aber sehr wohl unsere eigenen Erwartungen erfüllt.«

Original oder nur Kopie?

Etwas provokativ gefragt: Leben Sie ein Leben, das hauptsächlich darauf beruht, den Erwartungen anderer gerecht zu werden? Tun Sie das, was vorrangig anderen wichtig ist? Dann können Sie langfristig nicht erfolgreich sein.

> Es ist so wichtig, dass ich es gar nicht oft genug wiederholen kann: »Erfolgreich« bedeutet, dass Sie erreichen, was Ihnen selbst wichtig ist – egal ob es das Regenerationsschläfchen in der Hängematte oder der Zoobesuch mit der kleinen Tochter oder das Vertreten der eigenen Meinung im Meeting mit dem Chef ist.

Ich gebe zu: Man kann auch eine Zeitlang erfolgreich sein, wenn man sich anpasst, Fähnchen im Winde spielt, in die Fußstapfen anderer steigt. Das steht auch so in einigen sog. Erfolgsratgebern. Sinngemäß heißt es dort, wir sollten eines unserer Vorbilder genau studieren und dessen Verhaltensweisen kopieren. Dies wäre ein schneller und garantierter Weg zum Erfolg.

Mittel- bis langfristig zeigt genau dieses Nachahmen aber verheerende Folgen: Man verliert sich selbst aus den Augen. Selbst wer die allgemein erwünschten Ziele erreichen und Karriere machen sollte, wird sich irgendwann mit der Frage konfrontiert sehen: Wie fühlt man sich dabei, lediglich die Kopie eines anderen zu sein? Wo bleibe ich dabei als Individuum?

> »Fremden Stil nachahmen heißt, eine Maske tragen.«
> (Arthur Schopenhauer)

Eine Maske zu tragen, anderen nach dem Mund zu reden, mitzuklatschen, sie nachzuahmen, Fähnlein im Wind zu sein: All dies zehrt aus, kostet unendlich Kraft und – macht keinen Spaß. Es taugt eher für einen Burn-out als für eine Spitzenleistung in dem, was man leidenschaftlich gern tut.

Es ist nicht immer leicht, ich zu sein ...

Das vielleicht wichtigste Gebot, dauerhaft erfolgreich sein zu können, lautet deshalb: Sei du selbst!

Die Überschrift zu diesem Abschnitt bringt es auf den Punkt: »Es ist nicht immer leicht, ich zu sein«. Sie stammt aus einem Lied der deutschen Band Wise Guys. Auch Sie wissen: Es ist leichter gesagt als getan, »ich zu sein«. Bevor man den Mut aufbringt, zu seiner eigenen Meinung zu stehen, muss man erst einmal eine gehörige Portion Gripsarbeit leisten. Man muss intensiv und effektiv nachdenken.

Denken Sie nach – über die richtigen Themen

Wir lassen unser Leben fast durchgehend im Nebenher-Modus ablaufen. Wir übernehmen vorgefertigte Meinungen. Anders ausgedrückt: Wir fahren mit einem von anderen programmierten Autopiloten durchs Leben. Schalten Sie das Radio an, hüpfen Sie durch die Kanäle: Fast überall dudeln dort die gleichen Lieder. So vieles ist so austauschbar: Urlaubsziele, Lebensläufe, Kleidermarken, Biere, Deos, Autos, Mobiltelefone. Wir gleichen uns immer mehr an. Auch im Denken. Es beginnt schon in der Grundschule, was für unser weiteres Leben ebenso verheerend wie prägend ist. In der Grundschule sowie den weiterführenden Schulen werden passende Antworten erwartet. Ausreißer müssen eingeordnet werden. Träumer, Spinner, die Idealisten dieser Welt werden aussortiert. Enten sollen Klettern lernen. Kein Wunder, dass sich kaum jemand auszuscheren traut.

> »Wer mit dem Strom schwimmt, erreicht die Quelle nie.« (Peter Tille, deutscher Schriftsteller)

Mein Vorschlag an Sie: Legen Sie diesen TaschenGuide zur Seite und denken Sie nach. Jetzt. Effektiv. Gönnen Sie sich eine ganze Stunde, möglichst in einem angenehmen Umfeld, und machen Sie sich Gedanken über ein paar wichtige Themen. Nehmen Sie einen Stift und gutes Papier zur Hand und notieren Sie, was Sie denken. Wahrscheinlich ist klar, welche Fragen und Themen anstehen. Sollten Sie ganz behutsam loslegen wollen, hier ein paar Fragen zum Warmwerden, die sich nicht auf die Schnelle beantworten lassen, wie Sie bald feststellen werden. Diese Fragen sollen Ihnen dabei helfen, auszuscheren aus dem gleichgerichteten Denkbrei und sich (wieder) bewusst zu werden, was Sie selbst denken und wollen. Nur dann kann man es auch umsetzen. Sonst handelt man gemäß dem Sponti-Spruch: »Eigentlich bin ich ganz anders – ich komme bloß so selten dazu!«

Erste Fragen zum Hinterfragen

Die folgenden Fragen helfen Ihnen dabei, ein Gespür dafür zu bekommen für das, was Sie selbst beruflich wirklich anstreben – losgelöst von den Meinungen anderer, losgelöst von dem, was »man zu tun hat«.

Warum stehe ich Tag für Tag, Morgen für Morgen auf und gehe zur Arbeit?
- Des Geldes wegen?
- Um Karriere zu machen?
- Um als Experte zu glänzen?
- Weil ich gern arbeite?
- Um glücklich zu sein?
- Weil ich ein hervorragendes Team habe?
- Weil mich das Unternehmensziel begeistert?
- Habe ich eine Vorstellung, die mich erfüllt und für die es sich lohnt, jahrzehntelang, Tag für Tag, mein Bestes zu geben?

Erste Fragen zum Hinterfragen

Ähnliche Fragen können Sie sich für Ihr Privatleben stellen:
- Besteht mein Freundeskreis aus Menschen, denen ich vertraue, die mich weiterbringen?
- Welche Hobbys habe ich, die mir Lebensfreude schenken?
- Welches Vorbild bin ich für meine Kinder?
- Mache ich mit meinem Tun Unterschiede im Leben anderer?
- Was kann ich für meine Fitness tun?

Die folgenden Fragen beziehen sich auf all Ihre Lebensbereiche.
- Was zeichnet für mich ein erfolgreiches Leben in den unterschiedlichen Bereichen (Beruf, Gesundheit, Beziehung etc.) aus?
- Wie erfolgreich (0 bis 10; 0 = unterste Stufe) bin ich in diesen einzelnen Lebensbereichen?
- Was könnte ich tun, um jeweils eine Stufe höher zu kommen?
- Weiß ich, was ich in den einzelnen Bereichen langfristig erreichen will?
- Weiß ich, worin ich mich dabei verbessern muss?
- Was tue ich wirklich, um meinen Zielen näher zu kommen?
- Lasse ich mich vom Alltag treiben oder arbeite ich konsequent an meinen Vorhaben?
- Wie sehr mache ich mein Handeln von den Erwartungen und Meinungen anderer abhängig?
- Was ist mir wirklich wichtig?
- Was fordert mich so heraus, dass es mich anregt und meine Leidenschaft weckt?

Diese allgemeinen Fragen sind allenfalls ein Anfang, ein Einstieg in das Nachdenken. Das Ziel ist es, über alles nachzudenken, was Sie in den unterschiedlichen Lebensbereichen erreichen möchten. Wieder einmal gibt es hier kein Richtig oder Falsch. Meinen Sie beispielsweise, eine großartige Beziehung auf Stufe 10 zu führen, an der es nichts zu verbessern gibt – Glückwunsch! Ebenso gerechtfertigt ist es, den Beruf als Mittel zum Geldverdienen einzustufen und Dienst nach Vorschrift zu leisten. Ausschließlich Ihre eigenen Planungen definieren den aktuellen Stand und Ihre Ziele. Es gibt keine Wertung, die Sie von außen beeinflussen darf.

> »Es ist schwer, das Glück in uns zu finden Und es ist unmöglich, es außerhalb zu finden.« (Nicolas Chamfort, französischer Schriftsteller zu Zeiten der französischen Revolution)

Von innen nach außen

Noch eine wichtige Botschaft an dieser Stelle: Effektives Denken strengt an. Nach wenigen Stunden sind die meisten völlig ausgelaugt. Warum? Weil das Gehirn jede Menge Energie benötigt, um den Denkprozess am Laufen zu halten, und weil es so ungewohnt ist. Die Wenigsten registrieren die eigenen Bedürfnisse bewusst und geben ihnen genügend Raum. Es ist einfacher und angenehmer, vorgefertigte Auffassungen zu übernehmen, als sich zu fragen: Ist das wirklich meine Meinung?

Doch es lohnt sich. Wahrer Erfolg entfaltet sich immer von innen nach außen. Nie umgekehrt. Robert Frost, ein Pulitzer-Preisträger, schrieb einst: »Zwei Wege trennten sich im Wald. Und ich nahm den, der kaum begangen war. Das machte den ganzen Unterschied.« Eines meiner Lieblingszitate. Wer nicht nachdenkt, trottet automatisch gedanklich den gewohnten Weg, den asphaltierten, der weniger Mühe macht. Darauf lässt es sich gemütlich mitlaufen, mehr aber auch nicht. Wer etwas bewegen will, sollte also öfter mal nicht oder kaum erkundete Wege beschreiten. Im entsprechenden Umfeld fällt es leichter.

Hebel Nr. 2: Umfeld anpassen

»Zeige mir deine Freunde und ich sage dir, wer du bist.« Hinter diesem Sprichwort steckt wiederum das Prinzip des Dazugehören-Wollens. Man verhält sich fast immer wie das eigene Umfeld. Ja, man sucht sich bewusst und unbewusst das passende Umfeld aus. Diebe verkehren oft mit Dieben, Intellektuelle mit Intellektuellen, Hundefreunde mit Hundefreunden. Wie heißt es doch scherzhaft: »Wer ist der beste Freund eines Saarländers? Ein Saarländer!« Sportbegeisterte bilden eine Gruppe, Motorradfreaks, Freunde des gepflegten Schachspiels oder Tanzfreudige. Als Nichttänzer einer Tanzgruppe angehören zu wollen, wäre widersinnig. So funktioniert es auch im Leistungsbereich. Es finden sich meist jene zusammen, die Leistung bringen wollen – und auf der anderen Seite die, die dies nicht möchten. Rinder grasen mit Rindern; Wölfe jagen mit Wölfen.

BEISPIEL

> Ich war so stolz, als ich im letzten Jahrtausend in einem renommierten Stuttgarter Verlagshaus als Direktmarketing-Manager eingestellt wurde. Die Arbeit machte mir nicht nur viel Freude, sie zeitigte schon bald außerordentliche Erfolge. Und siehe da: Nach einem halben Jahr erhielt ich die »Goldene Zitrone«. Sie war allerdings keine Gratifikation der Geschäftsleitung, sondern ein ironisch-bissiger »Orden«, verliehen von Teilen der Belegschaft an Kollegen, die sich aus Sicht der »Jury«

> zu sehr engagiert hatten. Was war geschehen? Ich hatte mich ins Zeug gelegt, Überstunden gemacht, die Wende in der Abteilung schnell geschafft. Doch um mich herum herrschte die Devise »Gut Ding will Weile haben – in der Ruhe liegt die Kraft.« Den Kollegen war meine Arbeitswut ein Dorn im Auge.

Die Botschaft ist klar: Als Rind sollte man nicht unbedingt Einlass ins Wolfsgehege suchen – wobei auch der Wolf im Rinderstall gnadenlos niedergetrampelt würde. Suchen Sie sich also das passende Umfeld, in dem Ihre Stärken gewürdigt werden.

BEISPIEL

> Mike Andrews arbeitete in einem nordrhein-westfälischen Konzern. Besonders glücklich war er dort nicht, denn er hatte sich dort den Ruf als Mahner, als Bedenkenträger seiner Abteilung eingefangen. In den wöchentlichen Projektsitzungen traute er sich schon kaum mehr, sich zu Wort zu melden. Als ihn sein Vorgesetzter in einem Vier-Augen-Gespräch fragte, ob er sich denn im Unternehmen überhaupt noch wohlfühle, weil er stets etwas bemängele und nie das Positive sähe, hielt er sich fortan noch mehr zurück. Es kam die Chance zu wechseln. Er tat dies und arbeitete auf einer identischen Position in einem anderen Großkonzern. Doch welch ein Unterschied! Andrews: »Gleich an meinem ersten Arbeitstag gab es ein Projektmeeting. Alle Beteiligten versammelten sich. Es wurde dazu aufgerufen, alle – wirklich alle! – Bedenken und Schwierigkeiten, die wir auch nur ansatzweise sehen würden, zu nennen. Alles, was wir Mitarbeiter sagten, wurde aufgeschrieben und sofort per Beamer für jedermann sichtbar projiziert. Anfangs traute ich mich nicht so recht, aber nach einer Weile machte ich mit, obwohl ich vom Projekt noch keine rechte Vorstellung hatte. Ich war richtig happy. Die ganzen Punkte wurden gesammelt, bis zum nächsten Treffen zusammengefasst und dann in Kleingruppen aufgedröselt.«

Mittlerweile liegt der Wechsel von Mike Andrews 17 Jahre zurück. Er arbeitet immer noch dort und fühlt sich noch immer pudelwohl. Aus dem »Bedenkenträger« wurde ein wertvoller Mitarbeiter, dessen Beiträge sehr geschätzt werden – weil das Unternehmen eine andere Kultur pflegt. Seine im alten Unternehmen als Schwäche ausgelegte kritische Sicht auf die Dinge nutzte sein neuer Arbeitgeber als Stärke.

Die Vorstellung, wie es mit Andrews weitergegangen wäre, hätte er seinen Arbeitsplatz nicht gewechselt, lässt ein mulmiges Gefühl aufkommen. Er hätte wohl zunehmend stärker an sich gezweifelt, wäre dort nicht glücklich geworden, hätte sich vielleicht immer mehr zurückgezogen. Auf alle Fälle hätte er keine herausragenden Leistungen mehr erbringen können.

Was bedeutet das auf Sie übertragen? Es heißt, dass Sie Ihren Zielen am ehesten näherkommen, wenn Sie sie im passenden Umfeld verfolgen. Um es weniger diplomatisch auszudrücken: Haben Sie derzeit nicht das passende Umfeld, ändern Sie es oder tauschen Sie es aus.

BEISPIEL

> Am 4. September 2011 fällt Torsten eine Entscheidung. Er wird in den nächsten fünf Jahren einen Marathon laufen. Das Problem an der Sache: Er wiegt 143 Kilogramm, raucht und hat seit 15 Jahren keinen Sport getrieben. Sein Hausarzt empfiehlt ihm, kräftig abzunehmen, bevor er mit Laufen seine Gelenke belaste. Torstens Frau, in einer ähnlichen Gewichtsklasse, hält sein Vorhaben für einen schlechten Scherz. Der Bekanntenkreis reißt Witze darüber. Torsten lässt sich nicht abbringen. Zuerst spricht er mit seiner Frau über sein Ziel, erklärt ihr, wie viel ihm es bedeutet, und bittet sie darum, ihm den Rücken zu stärken, wenn er einmal schwach werden sollte. Dann führt er Einzelgespräche mit seinen Freunden und Bekannten und bittet sie um den gleichen Gefal-

len. Einige wenige sagen zu. Die meisten meinen, dass sein Vorhaben ohnehin zum Scheitern verurteilt sei und sie ja deswegen wohl ihre Scherze machen dürften. Doch Torsten meint es ernst: Er hört sofort auf mit dem Rauchen. Er erstellt einen Jahresplan und beginnt mit Schwimmen, Radfahren und ausgewogener Ernährung, an seiner Fitness zu arbeiten und das Gewicht zu verringern. Nach acht Monaten hört seine Frau ebenfalls auf zu rauchen. Drei Monate später meldet sie sich in einem Fitnessclub an. Wie es weiterging, beschrieb Torsten so: »Am 22. März 2015, genau drei Jahre, sechs Monate und 17 Tage nach meinem Entschluss, startete ich zu meinem ersten Marathon. Dazu hatte ich mir Rom ausgesucht. Ich wog jetzt 84,7 Kilogramm und mein einziges Ziel war: den Lauf genießen und ankommen. Das tat ich. Während der rund viereinhalb Stunden Laufzeit gingen mir die vergangenen Jahre und Monate durch den Kopf. Wie kaum jemand an mich geglaubt hatte, wie meine ersten Pfunde purzelten, wie meine Frau mich wieder verliebt angesehen hatte. Schmerzhaft Revue passieren ließ ich auch die Trennung von so manchen langjährigen Begleitern, die mich immer wieder in ihren Sumpf ziehen wollten. Zwei Verletzungen hatten mich zurückgeworfen. Ich erinnerte mich an mein »Hunderterfest«, als die Waage nach vielen Jahren wieder ein zweistelliges Ergebnis anzeigte. Mein erster Fünfkilometerlauf, mein erster Halbmarathon. Ich schwebte förmlich auf einer Woge der Euphorie durch Rom.«

Bitte beachten Sie besonders Torstens Aussage über die Trennung von Menschen, die ihn »in ihren Sumpf ziehen« wollten. Torsten hatte instinktiv gespürt, dass er mit diesen Begleitern sein Ziel nicht oder nur schwerlich erreichen können würde. Vielleicht etwas drastisch, aber passend: Drogensüchtigen und Alkoholkranken wird dringend empfohlen, ihr Umfeld vollständig zu wechseln. Sonst haben sie kaum eine Chance, »clean« zu werden.

Der Dreisprung zur Umfeld-Optimierung

Der Dreisprung zur Umfeld-Optimierung funktioniert so:

1. Analysieren Sie Ihre Vorhaben: Wie möchten Sie leben? Wo wollen Sie in den einzelnen Bereichen ankommen?
2. Betrachten Sie dann Ihr Umfeld, insbesondere jene Menschen, mit denen Sie die meiste Zeit verbringen. Passt das so? Wenn ja, prima.
3. Wenn nein, folgt der dritte Sprung: Sprechen Sie mit den Menschen, die nicht hilfreich oder gar hinderlich sind. Geben Sie ihnen die Chance, in Ihrem Leben zu bleiben. Bekommen Sie allerdings weiterhin keine Unterstützung oder gar Gegenwind, brechen Sie die Brücken ab. Suchen Sie sich hilfreichere Begleiter. Schaffen Sie sich ein Umfeld, in dem Sie sich pudelwohl fühlen und in dem Ihre Eigenschaften als Stärken zur Geltung kommen.

> »Die Wesensart verändert sich nach dem Umfeld, in dem man lebt und wirkt.« (Shrî Ramakrishna)

Lieber ein Ende mit Schrecken als ein Schrecken ohne Ende

Leider muss man sich des Öfteren auch von Menschen trennen, die man mag, die aber den eigenen Vorhaben abträglich sind. Es ist Zeitverschwendung, sein Leben mit Menschen zu verbringen, die einem die Kraft rauben, welche man so dringend für seine Vorhaben braucht. Das klingt hart. Man kann sich aber auch durchaus fragen, was härter ist: bleiben und lange Zeit immer ein bisschen leiden oder aber einen radikalen (und da ist es wieder, das »von der Wurzel her«) Schnitt machen?

Die folgenden Beispiele mitten aus dem Leben verdeutlichen, was besser ist.

BEISPIELE

> Matthias Wolf ist Beamter im öffentlichen Dienst und arbeitet in der Verwaltung. Festgeschriebene Arbeitszeiten, festgeschriebene Tätigkeiten, festgeschriebene Laufbahn. Für viele mag das sicher und passend sein. Nicht so für Wolf – der ist beruflich ehrgeizig und sehr kreativ und er hatte schon immer irgendwie das Gefühl, dass mehr in seinem Leben drin sein könnte als ein aufgeräumter Schreibtisch in einem wohlgeheizten Büro. Mit 38 Jahren kündigt er und nimmt sich eine sechsmonatige Auszeit, um herauszufinden, was er beruflich wirklich gern tut. Nebenher hilft er einem Freund in dessen Café aus. Das macht ihm so viel Spaß, dass er bald intensiver einsteigt. Heute betreibt er eine kleine Tapas-Bar in Bochum. Kürzlich meinte er zu mir: »Ich weiß gar nicht, wie ich als junger Mann überhaupt auf die Idee kommen konnte, in den öffentlichen Dienst zu gehen.«

> Eines der eindrücklichsten Beispiele, die ich kenne, ist die Geschichte eines kleinen Mädchens. Gillian schien eine Lernschwäche zu haben. Sie konnte sich kaum konzentrieren und hampelte ständig herum. Die Eltern gingen mit ihr zu einem Experten für dieses Problem. Die Mutter erzählte von den Schwierigkeiten ihrer Tochter, während Gillian neben den beiden Erwachsenen saß und versuchte stillzuhalten. Dann bat der Mann das Mädchen kurz zu warten, während er mit der Mutter draußen ein paar Dinge besprechen würde. Er stellte das Radio an und verließ mit der Mutter den Raum. Von außen beobachteten sie das Kind durch eine verspiegelte Glasscheibe. Kaum war Gillian allein, stand sie auf und bewegte sich anmutig zur Musik. Minutenlang verfolgten die

beiden Erwachsenen gebannt die Bewegungen des Mädchens. Dann sagte der Arzt: »Gillian ist nicht krank, sie ist eine Tänzerin. Bringen Sie sie in eine Tanzschule.« Was dort passierte, schilderte Gillian einmal so: »Ich kann kaum beschreiben, wie toll das in der Tanzschule war. Wir kamen in diesen Raum und er war voller Menschen wie ich. Menschen, die nicht stillsitzen konnten. Menschen, die sich bewegen mussten, um zu denken.« Für Gillian Lynn begann in diesem Moment ein erfülltes Leben. Sie graduierte an der Royal Ballet School, gründete später ihr eigenes Unternehmen in der Tanzbranche und entwarf unter anderem die Choreographie für das Musical »Cats«. Stellen Sie sich vor, Gilian hätte keine verständnisvollen Eltern und nicht solch klugen Arzt gehabt und wäre in ihrem Umfeld geblieben!

Vom Weltstar zurück auf die Alltagsbühne – mit einem letzten Beispiel zur Bedeutung des Umfelds: Klaus-Dieter ist 53 Jahre alt und arbeitet gern und gut als Sachverständiger für das Sicherheitswesen. Klaus-Dieter hat Familie, ein kleines Häuschen; er ist ein durch und durch positiver Mensch. Doch es hätte auch anders kommen können: »Ich komme aus einer Gegend, die den Namen »Die Bronx vom Ruhrgebiet« hatte. Alle Kinder um mich herum waren nachts auf der Straße, tranken Alkohol, klauten, nahmen Drogen, brachen Autos auf und verprügelten andere Kinder, die nicht mitmachen wollten. Anfangs war ich dabei. Mir gingen die Erlebnisse dann aber so nah, dass ich kaum mehr schlafen konnte, immer mehr abnahm und wohl wirklich elend ausgeschaut haben mag – so schlimm, dass es selbst meine Eltern merkten. Sie schickten mich für ein paar Wochen zur Erholung zu meinem Opa ins Sauerland. Er wohnte in einer totalen Einöde; es gab dort mehr Äcker und Wiesen als Häuser. Aus meiner Sicht herrschten bei ihm sehr strenge Regeln. Abends musste ich beispielsweise immer ins Haus kommen, wenn die Laternen angingen. Doch ging es mir hier rasch besser. Kurz vor der Rückreise vertraute ich mich meinem Opa an und bat ihn, bei ihm bleiben zu dürfen. Nach langem Hin und Her mit meinen Eltern klappte das tatsächlich. Ich weiß heute: Das hat mir mein Leben gerettet. Sonst wäre ich im Knast gelandet oder an Drogen kaputtgegangen. Damals war ich 13.«

Achten Sie auf Ihr Umfeld.

Oft klebt man an Menschen und an dem, was sie tun, obwohl man spürt, dass es einem nicht guttut. Viele schaffen dann den Absprung nicht. Suchen Sie sich einen Gesprächspartner, der nicht im selben Umfeld agiert. Das kann ein Freund von früher sein, der jetzt weit weg wohnt und Sie kaum mehr kennt. Das kann der Pfarrer sein, die Lehrerin, die einen so gefördert hat, ein früherer Chef aus einem anderen Unternehmen oder auch ein professioneller Coach. Wer immer es sein mag: Legen Sie Ihre Karten auf den Tisch. Bitten Sie um Rat, um Bewertung. Oft sehen Menschen von außerhalb des Topfes klarer, was darin köchelt, als jemand, der darin gerade gekocht wird.

Hebel Nr. 3: Fokussieren

Effektives Nachdenken und passendes Umfeld sind die Grundvoraussetzungen für langfristige Spitzenleistung. Sie sind das unverzichtbare Fundament. Fokussierung und Planung sind die beiden Stützpfeiler, ohne die sich rein theoretisch zwar auch ein Haus bauen ließe, aber nicht so leicht und so beständig. In diesem Abschnitt geht es zunächst um das Fokussieren. Um die Planung dreht sich alles im Kapitel »Hebel Nr. 4: Vordenken«.

Fokussieren steht für »scharfstellen« oder »bündeln«, wie etwa bei einer Lupe, die die Strahlen der Sonne bündelt und auf einen Punkt richtet. Dadurch wird es unter der Lupe so heiß, dass sie ein Feuer entfachen kann. Fast alle Kameras haben mittlerweile einen Autofokus. Die Software entscheidet, was anvisiert wird und später auf dem Foto scharf zu erkennen ist. Da kann es freilich passieren, dass die Rose im Vordergrund ganz scharf ist, während das geplante Hauptmotiv, die Familie, nur schemenhaft erscheint. Eine individuelle Einstellung des Fokus sorgt für Schärfe: Das von Ihnen gewählte Thema rückt in den Blickpunkt, Ihren Mittelpunkt. Sie können es glasklar erkennen.

Wie bei der Lupe und bei der Kamera funktioniert Fokussierung auch im Alltag. Vielleicht haben Sie sich schon einmal gefragt, warum manche Menschen so viel bewältigen, warum sie so erfolgreich sind, so viel wissen? Fast immer liegt die Antwort in der Fokussierung. Heute gibt es keine Universalgenies mehr. Worauf wir uns konzentrieren, bekommt eine größere Bedeutung und wächst ganz von allein. Deshalb: Haben Sie zehn Vorhaben, bekommt jedes davon nur 10 % Ihrer Energie. Zielen Sie auf ein einziges Vorhaben, können Sie 100 % investieren.

Wie sich Tennisspieler fokussieren

Es ist so wie bei Profisportlern. In jeglichem Spitzensport muss sich der Athlet auf seine Disziplin fokussieren. Zwei Tennislegenden haben das wunderbar ausgedrückt.

Pete Sampras, der Ende des letzten Jahrtausends die Tenniswelt beherrschte, äußerte einmal: »Ich versuche nie, ein Turnier zu gewinnen. Ich versuche auch nie, einen Satz oder ein Spiel zu gewinnen. Ich will nur diesen Punkt gewinnen.« Diesen letzten Satz druckte ich seinerzeit aus und hängte ihn ins Büro, weil ich mich oft ablenken ließ. Nicht unbedingt von äußeren Einflüssen, vielmehr oft durch Überlegungen, wie ich schneller an mein großes Ziel kommen könne. Ich war noch ein einfacher Angestellter, sah mich aber schon als Abteilungsleiter elegant alle Aufgaben verteilen – was weder meiner Zufriedenheit noch meiner Arbeitsleistung zuträglich war. So bringt es einem Schüler, der am nächsten Tag eine Klassenarbeit schreibt, nichts, wenn er beim Lernen ans Abitur denkt. Jetzt, in diesem Augenblick, geht es nur um eines: um diesen einen einzigen Punkt. Nur um diesen einzigen Punkt!

Ein weiterer großer Tennisspieler, der im letzten Jahrzehnt fast alle großen Preise gewann, ist Roger Federer. Er befindet sich mittlerweile im Spätherbst oder Frühwinter seiner Karriere. Viele seiner Anhänger fragen sich: Was wird Roger Federer, der vielleicht größte Tennisspieler aller Zeiten, danach machen? Mich interessiert es auch, da ich Federers Laufbahn verfolge und seine Art sehr schätze. Neulich antwortete er in einem Interview auf genau diese Frage: »Ganz ehrlich, darüber habe ich mir noch keine ernsthaften Gedanken gemacht. Das würde mich stören bei meiner Arbeit.«

Einen Satz daraus können Sie sofort in Ihr sprachliches Repertoire übernehmen: »Das würde mich stören bei meiner Arbeit.« Einen besseren Fokus gibt es nicht.

Mit der Fokus-Strategie zum Experten avancieren

BEISPIEL

> Vor rund 40 Jahren bläute uns der Biologielehrer immer wieder ein, wie sinnvoll es sei, sich auf etwas zu fokussieren; er nannte es damals noch konzentrieren. Eindrücklich in Erinnerung blieb mir sein Wiedehopf-Beispiel: »Wenn ihr nach der Schule studieren wollt, beispielsweise Biologie, dann konzentriert euch auf ein einziges Thema. Nehmt meinetwegen den Wiedehopf. Lest Bücher über den Wiedehopf. Sammelt alles, was ihr kriegen könnt, über den Wiedehopf. Legt euch ein Wiedehopf-Buch an, in das ihr alles über ihn reinschreibt. Und dann bleibt für mindestens zehn Jahre bei diesem Thema. Wisst ihr, was dann passiert? Dann seid ihr Wiedehopf-Experten, vielleicht sogar *der* Wiedehopf-Experte Europas. Dann kommen internationale Anfragen zum Wiedehopf, dann werdet ihr zu Veranstaltungen geladen, sollt eine Vorlesung halten oder ein Buch schreiben. Und wenn ihr nicht den Wiedehopf nehmt, dann nehmt eben die Rote Vogelmilbe oder das Schnabeltier. Ich verspreche euch: Wenn ihr euch zehn Jahre auf ein einziges Thema konzentriert, dann lässt sich der Erfolg nicht verhindern.«

Wie recht unser Biologielehrer doch hatte! Wenn ich nachträglich in meinem Leben etwas ändern könnte, dann ist es genau dieser Punkt: Könnte ich nochmals neu anfangen, würde ich mich viel früher auf ein einziges Thema fokussieren.

Aus eigener Erfahrung und an den Beispielen so vieler Menschen aus Seminaren und Beratungen kann ich bestätigen: Fokussierung ist ein elementarer Stützpfeiler für den Erfolg. Zu Beginn meiner Trainerlaufbahn gab ich Seminare in Zeitmanagement, Konfliktbewältigung, Motivation, Kommunikation und Gedächtnistraining. Zu meiner Rechtfertigung: Ich war jung und brauchte das Geld. Doch heute frage ich mich, wie ich mir damals anmaßen konnte, solche Themen zu vermitteln – wo ich doch selbst nur rudimentäres Wissen darüber hatte. Es lief zwar ordentlich, doch ein beruflicher Durchbruch war nicht in Sicht. Der begann sich mit dem ersten Zweitagesseminar »Dauerhafte Selbstmotivation« einzustellen. Es brauchte noch an die zwei Jahre, bis ich mich traute, dieses Thema in den beruflichen Mittelpunkt zu stellen. Ich blieb hartnäckig dran, mittlerweile seit 15 Jahren.

Genau wie mein Lehrer vorhergesagt hatte, ließ sich der Erfolg nicht vermeiden. Es ging zwar nicht um den Wiedehopf, sondern um Selbstmotivation – das Ergebnis war jedoch dasselbe: Unternehmen fragten an nach Vorträgen und Seminaren, der Haufe Verlag wollte ein Buch, Auftritte im Fernsehen und Radio folgten. Mittlerweile gelte ich – zumindest deutschlandweit – als anerkannter Experte auf diesem Feld.

> »Die Kunst praktischer Erfolge besteht darin, alle Kraft zu jeder Zeit auf einen Punkt – auf den wichtigsten! – zu konzentrieren.«
> (Ferdinand Lassalle)

Ich habe seit dieser beruflichen Fokussierung nicht mehr oder schneller oder anders gearbeitet als zuvor. Im Gegenteil: Meine Vorbereitungszeiten sind deutlich geringer, da ich die Themen durch und durch beherrsche. Ich fühle mich auf der Bühne wohler, weil ich weiß, dass ich vieles durchdrungen habe, was mich wiederum Selbstsicherheit gewinnen ließ.

Hört sich einleuchtend an? Ist es auch. Allerdings lauert eine Gefahr und es gibt eine Hürde. Die Gefahr ist schnell erklärt: Die meisten Menschen möchten nach einer gewissen Zeit etwas anderes machen. Irgendwann haben sie die Schnauze voll vom Wiedehopf. Dann meinen sie, sie könnten in anderen Bereichen vergleichbare Erfolge feiern. Können sie nicht. Nicht selten kehren diese Abtrünnigen dann reumütig in ihr altes Revier zurück. Manchmal ist ihr Platz dort dann allerdings schon besetzt.

Fokussieren heißt, sich gegen etwas zu entscheiden

Die Hürde, sich fokussieren zu können, ist psychologischer Natur. Sich auf etwas zu konzentrieren, bedeutet gleichzeitig, sich gegen viele andere Möglichkeiten zu entscheiden. Wiedehopf und nicht Löwe. Selbstmotivation und nicht Kommunikation. Hier muss man – oft schweren Herzens – Nein sagen.

BEISPIEL

> Letzten Winter konnte ich aus dem warmen Wohnzimmer zusehen, wie der Gärtner in unserem Garten Bäume beschnitt. Als ich bemerkte, dass er fast sämtliche Zweige eines jungen Apfelbaums ausmerzte, stürmte ich hinaus und raunzte ihn an: »Was machen Sie da? Der Baum soll doch nächstes Jahr Früchte tragen!« Der Gärtner erklärte ganz ruhig, dass er durch radikales Beschneiden der Äste die gesamten Nährstoffe des Baumes in jeweils nur noch ein oder zwei Zweige zwinge. Ansonsten hätte ich keine Freude mit den Früchten: Die blieben dann ziemlich mickrig und hätten weniger Geschmack.

Es führt kein Weg daran vorbei: Schneiden wir unnötige Verästelungen ab, ernten wir größere Früchte. Etwas wehmütig entsinne ich mich an überragende Tage mit Teilnehmern, denen ich »Überzeugend Präsentieren« nahegebracht hatte. Das waren immer Tage, bei denen jeder viel lernte und sich schon während dieser gemeinsamen Zeit sichtbar verbesserte. Nun wollte ich mich aber auf »Selbstmotivation« konzentrieren. »Präsentieren« passt dazu nur mit sehr viel Fantasie – also sagte ich Trainings dazu ab. »Konfliktmanagement« – abgesagt. »Zeitmanagement« – abgesagt. Das tat nicht nur wirtschaftlich weh. Es kam mir anfangs so vor, als würde ich in einem großen Haus nur noch ein einziges Zimmer bewohnen und alle anderen Zimmer verriegeln. Ich war wie der Baum mit nur noch einem Ast. Mittel- und langfristig war es jedoch die beste Strategie, die ich wählen konnte.

> Wissen Sie, warum manche Menschen zögern, ihrem Lebenspartner das Ja-Wort zu geben? Auch hier spielt die Angst vor der Fokussierung eine Rolle: Weil sie sich damit binden und gegen weitere (meist potenzielle) Partner entscheiden würden.

Über Vorteile und theoretische Hintergründe einer Fokussierung im Unternehmensbereich sind zahlreiche Bücher geschrieben worden. So findet man im Internet unter dem Suchbegriff »Engpasskonzentrierte Strategie« ein breites, theoretisches Fundament für den wirtschaftlichen Unternehmenserfolg.

Für Ihren persönlichen Erfolg brauchen Sie keine Theorie. Ein paar Beispiele könnten jedoch ganz nützlich sein.

Hebel Nr. 3: Fokussieren 55

BEISPIELE

Der Luftballonkünstler: Es gibt Vergnügungskünstler, die aus Luftballons Tiere und Gegenstände gestalten. Oft arbeiten sie in Fußgängerzonen und hoffen auf ein paar Euro Belohnung von Passanten. Dass sie davon nicht reich werden können, ist klar. Doch ist es wirklich nur eine brotlose Kunst? Rob Driscoll gestaltet seit über vier Jahren jeden Tag – JEDEN TAG – eine neue Luftfigur. Über 1.700 Figuren hat er mittlerweile kreiert.

Schauen Sie mal auf der Internetseite www.mydailyballoon.com, was sich Driscoll schon so alles einfallen ließ: Schlümpfe, Mahlzeiten, Dekorationen, Landschaften. Genial, der Mann. Und was sagt er über sich selbst? Dass er immer besser wird, schneller, dass er immer mehr Ideen bekommt. Sie ahnen es: Er wird angefragt von Menschen, die das lernen wollen, von Rundfunk und Fernsehen. Wetten, dass es bald ein Buch von ihm gibt?

Der Fokus des Apple-Gründers: Steve Jobs machte Apple zu einem der wirtschaftlich wertvollsten Unternehmen der Welt. Allerdings nicht, indem er immer mehr Produkte auf den Markt warf, sondern immer weniger. Ein Erfolgsrezept war die extreme Fokussierung. »Wichtig sei es«, so Jobs, »Nein zu tausend Dingen zu sagen, nicht vom Kurs abzuweichen und nicht überall mitmischen zu wollen. Wir denken ständig über neue Märkte nach, die wir erschließen könnten. Aber nur, wenn man weiß, wann man Nein sagen muss, kann man sich auf die wichtigen Dinge konzentrieren.« Zudem war er davon überzeugt, dass diese gebündelte Ausrichtung in allen Bereichen erfolgreich ist: »Viele meinen, fokussieren bedeute, Ja zu sagen zu den Dingen, auf die man sich konzentriert. Doch dem ist nicht so. Es bedeutet, Nein zu sagen zu hundert anderen guten Ideen, die es gibt. Ich bin genauso stolz auf die Dinge, die wir nicht gemacht haben, wie auf die Dinge, die wir gemacht haben.« John Scully, früher CEO von Apple, sagte einmal: »Was Steves Methoden von allen anderen unterscheidet, ist die Überzeugung, dass die wichtigsten Entscheidungen nicht das betreffen, was man tut, sondern das, was man lässt.«

In Zahlen ausgedrückt, bedeutete Jobs Fokus-Strategie: Anzahl der Apple-Produkte im Jahr 1998: 350 Stück, nach der Fokussierung: 10 Stück.

Fokussieren: erfolgsträchtiger denn je

Übrigens wirkt die Kraft der Fokussierung heute noch stärker als früher. Ich behaupte: Wer es in unserer Zeit schafft, sich auf ein einziges Thema, auf einen einzigen Bereich zu fokussieren und diesen konsequent zu verfolgen, hat so gut wie gewonnen. Warum? Weil *Konzentration auf das Wesentliche* immer schwieriger wird. Nehmen Sie einmal eine aktuelle Ausgabe des »Spiegel« und blättern Sie sie durch. Besorgen Sie sich dann ein Exemplar, das etwa 20 Jahre alt ist, und schmökern Sie darin. Sie werden staunen! Damals erstreckten sich die Berichte über mehr als zehn Seiten; es gab keine oder kaum Bilder, kaum Kästen. Einfach Text, Text, Text. Das liest heute kein Mensch mehr. Die Informationseinheiten werden immer kürzer. Die Aufmerksamkeitsspanne des Lesers immer geringer.

Heute spielen bereits kleine Kinder am Smartphone oder Tablet mit mehreren offenen Apps. Beim Abendessen läuft ganz selbstverständlich der Fernseher, beim Autofahren hört man Musik und unterhält sich, und während der Vorlesung chattet man mit seinen Freunden. Dass es dann schwerfällt, sich auf ein einziges Thema zu beschränken, wenn es darauf ankommt, liegt auf der Hand.

Sehen Sie es deshalb als ständige Übung, sich voll und ganz auf eine einzige Sache zu konzentrieren. Machen Sie einen Waldspaziergang ohne Mobiltelefon, ohne Kopfhörer. Beschäftigen Sie sich mit Ihrem Kind oder der Natur – zwingen Sie sich, dabei nicht auf die Uhr zu sehen oder eingehende E-Mails zu checken. Während ich diese Zeilen lese und verbessere, sehe ich einen Geschäftsmann im Restaurant gegenüber: Er isst ein Steak, blättert eine Zeitschrift durch und telefoniert gleichzeitig. Machen Sie es besser.

In der Beratungspraxis stoße ich beim Thema Fokussierung oft auf Widerstand, wie etwa:»Ich kann mich nicht nur auf ein einziges Ziel konzentrieren. Ich habe doch ganz viele. Da würde doch ganz viel Lebensqualität wegfallen.« Stimmt nicht! Es ist nicht gemeint, alles liegen zu lassen und sich nur auf eine einzige Sache zu stürzen. Vielmehr soll diese eine Sache im Vordergrund stehen. Sie haben fünf Ziele? In Ordnung – die Nummer 1 sollte dabei jedoch klar sein. Erst recht gilt das bei zehn Zielen. Und dem Hans Dampf in allen Gassen, der mit dutzenden Themen jongliert, rate ich:»Wirf 90% deiner Themen über Bord und definiere deine Nummer 1!«

Hebel Nr. 4: Vordenken

Vielleicht geht es Ihnen wie Martina, einer erfahrenen und vor allem seminarerprobten Führungskraft. Als wir im Coaching über den Umgang mit Zielen sprachen, meinte sie:»Kommen Sie mir jetzt bloß nicht mit SMART oder Zielvereinbarungen. Das kann ich nicht mehr hören. Die erzählen alle den gleichen Sermon, aber glücklicher wird man damit nicht.« Doch, wird man! Das konnte ich Martina versprechen. Das verspreche ich Ihnen.

Kopf – Papier – Umsetzung

Der Begriff »Vordenken« ist umgangssprachlich etwas anders belegt, als ich ihn hier verwende. Gemeinhin stellt man sich unter einem Vordenker einen wichtigen Menschen mit großen Visionen vor, die er in wohlgesetzten Worten einer breiten Öffentlichkeit kundtut. Für uns tun es hier zehn Nummern kleiner: Unter Vordenken verstehen wir das simple In-die-Zukunft-Schauen. Im ganz großen Rahmen könnten wir es mit *Vision* betiteln, im näheren Zeithorizont nennen wir es *Ziele erreichen* und im ganz Nahen taufen wir es einfach *Planen*.

Ohne Vordenken geht es nicht. Ist Ihnen schon einmal aufgefallen, dass fast alles zuerst im Kopf entsteht, dann auf Papier gebracht und erst in einem dritten Schritt umgesetzt wird?

BEISPIELE

> Ich überlege, was ich einkaufen will, notiere es auf einen Zettel und gehe dann in den Laden.
>
> Zuerst beschreibe ich dem Architekten, wie ich mir mein Traumhaus vorstelle, dann entwirft er es und schließlich wird es gebaut.

So entstehen Autos, Theaterstücke, Expeditionen, Unternehmensstrategien. Letztere werden oft heruntergebrochen in Fünf-Jahres-Ziele, Abteilungs- und Bereichspläne sowie auf der untersten Ebene in individuelle Ziele, die gefälligst erreicht werden sollen. Aus diesem Grund ist das Thema Zielerreichung oft negativ besetzt – so wie bei Martina. Zudem verkünsteln schlaue Menschen das Thema häufig zu einem intellektuellen Machwerk, das sich nur schwer durchdringen lässt.

Die drei Planungshorizonte

Wir setzen es hier ganz praktisch um. Kehren wir dafür zunächst zurück an den Ausgangspunkt: Sie möchten langfristig erfolgreich sein, also bestmögliche Leistung über einen langen Zeitraum erbringen, ohne dabei auszubrennen. Dazu gehen wir von drei Planungsebenen aus, die sich lediglich durch ihren zeitlichen Horizont unterscheiden. Je weiter weg, desto besser der Überblick; je näher dran, desto konkreter werden wir zum Handeln animiert.

Planungshorizont Nr. 1: Wie soll Ihr Leben in fünf, besser noch in zehn Jahren aussehen?

Was möchten Sie in zehn Jahren machen? Was möchten Sie dann erreicht haben? Vielleicht fragen Sie sich jetzt etwas enerviert: »Wie soll das denn gehen? Ich habe doch keine Ahnung, was in zehn Jahren sein wird.« Müssen Sie auch nicht. Es geht darum, eine grobe Vorstellung vom Leben zu gewinnen, das Sie führen möchten. Lernen wir aus dem wunderschönen Spruch: »Die Jahre lehren viel, was die Tage niemals wissen.« Auf diese weite Sicht nimmt man kurzfristig die Adlerperspektive ein und entflieht den Zwängen und Sichtweisen des Alltags.

Für Außenstehende mag das, was Ihnen hier vorschwebt, vielleicht nichts Großartiges sein. Muss es auch nicht. Für Sie selbst sollte es das jedoch sein. Wie soll es Ihnen gehen? Welche Menschen sollen Sie umgeben? In welchem Bereich möchten Sie spitzenmäßiger Experte werden? Wie steht es dann um die körperliche Leistungsfähigkeit, die Beziehung?

Sie dürfen ruhig träumen. Schreiben Sie es auf, malen Sie es an, bewahren Sie es auf, so dass Sie es ab und zu wieder lesen und anschauen mögen. Entscheidend dabei ist, dass Sie diese Vorstellung emotional berührt, dass Sie fühlen, wie wunderbar es wäre, wenn Sie es schaffen. Wenn es nicht kribbelt, ist es die falsche Vorstellung. Um dauerhaft Spitzenleistung zu erbringen, reicht es nicht zu sagen: »Ja, das wäre ganz okay«. Sie brauchen etwas, das ein Wuuummmmmmm! bei Ihnen auslöst. Etwas, das Sie aus dem Fernsehsessel holt und auch unter widrigsten Bedingungen aktiv werden lässt.

Übung: Machen Sie ein Plus aus einem Minus

Rudi Strele, bekannter unter dem Künstlernamen Quardian von der Munde, ist ein grandioser Kabarettist, Wort- und Schriftspieler. Er wurde durch Podcasts auf mich aufmerksam. Mit teils kritischen, teils lobenden Mails begleitet er seit vielen Jahren meine Arbeit. Von ihm habe ich eine ebenso kleine wie psychologisch wertvolle Feinheit übernommen, mit Vorhaben umzugehen. Strele empfiehlt, vor jedes notierte Ziel und Vorhaben einen Spiegelstrich zu setzen. Ist das Vorhaben umgesetzt bzw. erreicht, macht man aus dem − ein +. So unbedeutend es scheinen mag, das Gehirn polt dann das Negative in etwas Positives um und belohnt sich damit selbst. Dies löst weitere, positivere Gefühle aus. Probieren Sie es. Sie werden begeistert sein! Bemerkenswerter Weise hat

> **Übung: Machen Sie ein Plus aus einem Minus**
> Strele diese Vorgehensweise von einem ehemaligen Lehrer übernommen: Immer wenn ein Schüler seine Hausaufgaben nicht erledigt hatte, gab es ein Minus im Klassenbuch. Machte der betreffende Schüler im anschließenden Unterricht aber gut mit, wandelte sich das Minus in ein Plus. Wenn das nicht motiviert!

Planungshorizont Nr. 2: Definieren Sie ein Jahresvorhaben

Das etwa zwölf Monate entfernt liegende Vorhaben, um das es sich hier dreht, soll idealerweise etwas zu Ihrer Zehnjahres-Vorstellung beitragen. Es soll sich nicht um irgendeines Ihrer vielen Ziele handeln, sondern möglichst um ein Durchbruchsziel. Es soll also etwas sein, das Sie wirklich weiterbringt, wenn Sie es erreicht haben. Um dieses Ziel herauszuarbeiten, hilft Ihnen die sog. 3A-Methode, die ich in meinen beiden Büchern zum Thema Selbstmotivation (TaschenGuide »Selbstmotivation«, Fachbuch »Dauerhafte Selbstmotivation«) ausführlich dargelegt habe. Sie unterstützt jedermann dabei, seine Vorhaben pragmatisch und fast zwingend verbindlich anzugehen. Deswegen will ich sie Ihnen auch hier nicht vorenthalten.

Vorhaben angehen mit der Glücksformel 3A

A = Attraktivität: Ihr Vorhaben muss für Sie selbst eine möglichst hohe Anziehungskraft haben. Ist Ihnen egal, ob es klappt oder nicht, brauchen Sie erst gar nicht anzufangen.

A = Aufwand: Notieren Sie jeglichen Aufwand, den Sie mit der Zielerreichung in Verbindung bringen. Vom Ansprechen wichtiger Personen über die Planerstellung und das Kontrollieren des Geleisteten, das wahrscheinliche Arbeitsvolumen, die Schwierigkeiten bei der Zielverfolgung. Notieren Sie Widerstände, die von anderen Menschen ausgehen könnten und auch unwahrscheinliche Hindernisse, etwa, dass Ihre Freunde Ihr Vorhaben nicht gutheißen. Schreiben Sie alles auf. Ziehen Sie einen dicken Strich darunter und fragen Sie sich: »Lohnt sich das?« Denken Sie darüber aufrichtig nach. Lohnt es sich nicht, ist es ein unpassendes Ziel. Forschen Sie nach einem neuen. Lohnt es sich, schreiben Sie ganz fett: »Ja!«

A = Aktion: Definieren Sie den ersten Schritt. Versehen Sie ihn mit einem Datum, an dem Sie ihn umsetzen werden. Notieren Sie auch ein Enddatum bzw. einen Zeitpunkt, an dem Sie überprüfen, ob alles in die richtige Richtung läuft.

> Sind Sie mit der Glücksformel einigermaßen vertraut, wollen Sie sie Ihr Leben lang nicht mehr missen.

Planungshorizont Nr. 3: Erstellen Sie einen Wochenplan

Erfahrungsgemäß ist eine Woche eine gut überschaubare Einheit. Sie zielt nicht zu weit und erzwingt unmittelbare Handlungen – ganz im Gegensatz zu visionären Vorhaben, die so visionär sind, dass sie nie umgesetzt werden müssen. Es bietet sich an, diesen Wochenplan Sonntagabends oder Montagmorgens aufzustellen.

Schreiben Sie für den ersten der kommenden sieben Tage die drei wichtigsten Sachen auf, die Sie erledigen möchten. Bitte keine To-do-Liste. Bitte keine 08/15-Tätigkeiten. Bitte keine 15 Themen. Höchstens drei für jeden Tag. Was Sie nicht geschafft haben, übertragen Sie auf den nächsten Tag. Experimentieren Sie damit eine paar Wochen. Sie merken schnell, dass Sie immer besser einschätzen können, was Sie pro Tag hinbekommen. Zusätzlich macht es Sinn, eine einzige Sache zu definieren, die diese Woche unbedingt umgesetzt werden soll. Fragen Sie sich dazu: »Wenn alles komplett chaotisch wird und alles gänzlich anders läuft als geplant – welche *eine* Sache möchte ich dennoch hinbekommen, damit ich hinterher sagen kann: Diese Woche hat sich gelohnt. Es war eine gute Woche?«

> Im Seminar und beim Coaching werden die Planungshorizonte selbstredend viel facettierter besprochen. Im Grunde ist es aber genau so simpel, wie hier dargestellt. Nicht selten fragt ein Teilnehmer: »Und das soll es gewesen sein?« Ja, genau! Das ist es. Dieses »bisschen Planen« kann eine ganze Welt umkrempeln. Ihre Welt.

Ein Plädoyer für die Planung

Doch wie kann das »bisschen Planen« so wirksam sein? Es verhält sich ähnlich wie beim Anfänger, der Skifahren lernt. Vor ihm die ganze freie Piste, nur ein einzelner Baum steht irgendwo. Sie ahnen, was geschehen wird. Obwohl der Skifahrer gar nicht zum Baum will, steuert er direkt auf ihn zu, da er seinen Fokus darauf gesetzt hat. Beim Planen funktioniert das noch besser, weil Sie sich dabei ein Ziel setzen, das Sie – im Unterschied zum Skifahrer – auch erreichen wollen. Andersherum: Wer daran glaubt, dass ihn Erfahrung und Intuition schon zum richtigen Ziel bringen werden, kann sicher auch mal Glück haben. Darauf verlassen kann er sich nicht. Nachhaltig Spitzenleistungen zu erzielen, setzt zwingend eine strategische Planung voraus. Positives Denken bringt hier wieder mal nichts. Da schlittere ich eben gut gelaunt auf den Baum zu oder in den Burn-out. Um das zu vermeiden, brauche ich eine klare Vorstellung, wo ich hinwill. Um dorthin zu gelangen, muss ich den Weg in umsetzbare Einheiten zerlegen.

Das Zerlegen in umsetzbare Einheiten klingt einleuchtend – und wird dennoch nur selten so umgesetzt. Warum? Aus denselben Gründen wie bei der Fokussierung: Indem wir uns auf eine einzige Sache ausrichten, sagen wir Nein zu vielen anderen Möglichkeiten. Beim Planen verhält es sich ähnlich: Wir entwerfen geistig einen Weg und schließen damit unbewusst alle anderen Möglichkeiten aus.

Intuitiv spüren Sie, dass dann auch die Wahrscheinlichkeit enorm steigt, diesen einen Weg tatsächlich zu beschreiten. Übrigens: Entscheiden Sie sich *nicht*, gehen Sie ebenfalls nur einen einzigen Weg. Sie können schließlich nicht mehrere Pfade auf einmal beschreiten. Aber wir pflegen nun mal unbewusst die Illusion, dass wir jederzeit eine andere Richtung einschlagen könnten. Trauen Sie sich: Werfen Sie diese Illusion über Bord. Planen Sie, wohin Sie gehen wollen.

BEISPIEL

Im Trainingsbereich gibt es eine Übung mit Aha-Effekt. Man führt die Teilnehmer zu einem Wald und verbindet ihnen die Augen. Dann fordert man sie auf, mit ausgestreckten Armen in den Wald zu laufen. Das klappt ganz gut. Viele gehen recht zügig los und weichen geschickt Stämmen, Ästen und Hindernissen auf dem Boden aus, obwohl sie tatsächlich nichts sehen können. Ahnen Sie, wie weit die Teilnehmer kommen? Sie schaffen es genau so weit, wie sie die Strecke vor ihrem geistigen Auge »sehen« können. Dann ist Ende. So funktioniert es auch mit dem Planen. Entwerfen Sie derart fassbare Vorstellungen, dass Sie die Zusammenhänge erkennen können.

... manchmal ist es sogar sauschwer

Entsinnen Sie sich der bereits erwähnten Zeile »Es ist nicht immer leicht, ich zu sein« aus dem Lied der Wise Guys? Weiter geht es im Text mit »... manchmal ist es sogar sauschwer«. In der Tat. Manchmal fällt es sauschwer festzulegen, was man will. Es ist sogar um ein Vielfaches leichter, nicht nachzudenken, nicht den eigenen Weg zu gehen, nicht zu fokussieren und nicht zu planen. Was dann passiert, lässt sich durch einen Vergleich zwischen der Fahrt auf einem ruderlosen Floß und derjenigen auf einem Motorboot darstellen. Ein Floß auf dem Meer muss sich treiben lassen. Möglicherweise gelangt es durch günstige Strömungen an einen Strand. Mit etwas Glück gehört der Strand zu einer bewohnten oder fruchtbaren Insel. Verlassen kann man sich nicht darauf. Mit dem Motorboot bestimmen Sie, wohin die Reise gehen soll. Natürlich ist sein Tank nicht so groß, um alle Ziele der Welt zu erreichen, und sicherlich wird es auch stürmische See geben. Letztendlich werden Sie aber dort ankommen, wo Sie hinwollten.

Auf einen Blick: Ihr Weg zum Erfolg
- Es gibt vier Hebel, die Ihnen dabei helfen, Ihren eigenen Weg zu dauerhaften Spitzenleistungen zu finden: Nachdenken – Umfeld anpassen – Fokussieren – Vordenken
- Denken Sie nach: Was wollen Sie, nur Sie? Tappen Sie nicht in die »Ich-will-dazugehören-Falle«. Halten Sie andere Meinungen aus.
- Spitzenleistungen sind nur im passenden Umfeld möglich. Finden Sie heraus, wer oder was Sie blockiert und entziehen Sie sich dieser Einflüsse.
- Machen Sie es wie Leistungssportler: Fokussieren Sie sich auf das eine wichtige Vorhaben in Ihrem Leben.
- Um den Fokus auch wirklich auf Ihr Ziel zu richten, hilft Planung. Sie unterstützt Sie dabei, auf Kurs zu bleiben, auch wenn es mal schwer wird.

Die acht Mindsets des Erfolgs

Erfolg beginnt mit erfolgsorientiertem Denken. Langfristige Spitzenleister zeichnen sich durch positiv-realistische Vorstellungen aus, sind selbstsicher, können mit Schwierigkeiten gut umgehen und verfolgen hartnäckig ihre Vorhaben. Kurz: Sie haben Einstellungen verinnerlicht, die Spitzenleistung fördern.

In diesem Kapitel lernen Sie acht Mindsets kennen, die Ihnen dabei helfen, dauerhaft das Beste zu geben.

Nr. 1: Sagen Sie »Ja, ich will!«

> Obwohl Sie vielleicht beim Lesen der folgenden Überschriften denken: »Ja, weiß ich doch schon!«, sollten Sie tiefer in die Inhalte der nun folgenden Abschnitte einsteigen. Couch-Potatoes wissen auch, wie sinnvoll Bewegung ist – und bleiben doch viel zu oft auf dem Sofa liegen.

Nur wenige kennen den Extremläufer Norman Bücher. Er verkörpert, was ich unter einem Grenzgänger verstehe. Bücher bewegt sich im extremen Grenzbereich seiner eigenen Leistungsfähigkeit. Er schafft 1.120 Kilometer in zwei Wochen. Das entspricht etwa zwei Marathons pro Tag. Bücher läuft weltweit: im Himalaya, in afrikanischen Wüsten und im australischen Outback.

Jetzt könnten Sie sagen: »Ja, und?«. Schließlich braucht das kein Mensch im Alltag. Richtig. Dennoch können wir von Grenzgängern wie Bücher lernen, eigene Spitzenleistungen zu erzielen und uns durch die unvermeidlichen schwierigen Phasen zu bringen. Bei Bücher wird offensichtlich: Der schafft das, weil er es will. Nicht mehr und nicht weniger. Dahinter steckt die Frage nach dem Motiv. Klarer ausgedrückt: Warum will er das, warum wollen Sie etwas erreichen?

So manchem scheint diese Frage lapidar und einfach zu beantworten. Der Rekord-Bergsteiger Reinhold Messner wurde einmal gefragt, warum er sich denn in Lebensgefahr begeben und den Mount Everest besteigen wolle. Seine Antwort: »Weil er da ist.« So einfach kann die Antwort sein. Wieder andere schreiben eine Doktorarbeit darüber.

Ein ganz pragmatischer Ansatz sieht folgendermaßen aus: Sie überlegen sich, eine bestimmte Aufgabe angehen zu wollen. Sind Sie augenblicklich Feuer und Flamme – dann ist diese Aufgabe eben »da«. Dann haben Sie Ihren Mount Everest. Wunderbar. Springt der Funke nicht so richtig über, schreiben Sie auf, warum Sie dieses Vorhaben angehen könnten. Lassen Sie sich damit Zeit. Erfahrungsgemäß dauert es eine Weile, bis sich die Gedanken dazu sammeln und verdichten können. Die ersten Ideen sind selten die besten. Anschließend nehmen Sie sich eine ruhige Stunde. Betrachten Sie das Geschriebene, lassen Sie es wirken. Sollten Sie immer noch sagen »Ja, ist ganz in Ordnung so. Das könnte etwas sein.«, lassen Sie es bleiben. Das ist zu wenig. Werden Sie aber so euphorisch, dass Sie am liebsten gleich loslegen wollen, dann tun Sie das und sagen von ganzem Herzen: »Ja, ich will!«

BEISPIEL

> Bei einem Seminar-Nachtreffen erzählte eine Teilnehmerin ganz aufgeregt: »Ich muss das unbedingt sofort loswerden. Ich bin immer noch ganz hibbelig. Und zwar hatten wir ja letztes Mal besprochen, wir sollten uns aufschreiben, warum wir etwas machen wollten, wenn wir uns nicht ganz sicher seien, ob wir dafür wirklich dauerhaft Top-Leistungen erbringen können. Ich hatte ja überlegt, mich als Yoga-Lehrerin selbstständig zu machen. Mit diesem Gedanken hatte ich schon lange gespielt, so richtig davon überzeugt war ich jedoch nicht. Dann ging ich so vor wie besprochen. Zwei Wochen lang habe ich in einem schönen Buch mit leeren Seiten aufgeschrieben, was mich daran reizt. Zuerst war ich etwas enttäuscht, weil auch nach zwei Wochen kein

> einziger Supergedanke dabei war, der mich dazu brachte zu sagen: »Ja, das ist es!« Als ich mir aber nach weiteren zwei Wochen einen schönen Abend machte mit Kerzenschein und guter Musik und in mein Buch schaute, war ich doch ziemlich beeindruckt: Auf über sechs Seiten hatte ich enorm viele Gründe gesammelt. Im Lauf des Abends schwirrten mir die Worte und Zeilen wie Schmetterlinge durch den Kopf – und es lag nicht am Rotwein, den ich mir dazu gönnte. Ich wurde immer glücklicher, beseelter, euphorischer. Plötzlich durchströmte mich eine unendliche Schaffenskraft. Ich setzte mich gleich hin und schrieb einen Plan. Und was soll ich euch sagen: Ich mach's!« Susanne erzählte noch viel mehr. Jeder im Raum spürte die Energie, die von ihr ausging. Keiner hatte Zweifel, dass sie es nicht packen könnte. Es wird Sie nicht überraschen, dass Susanne als selbstständige Yoga-Lehrerin inzwischen ihr Vorhaben verwirklicht hat.

Haben wir erst einmal den Willen, eine bestimmte Sache anzugehen, macht es auch Sinn, ihn aufrechtzuerhalten. Ohne dieses »Ja, ich will« ist es fast unmöglich, langfristigen Erfolg zu haben – vielleicht nicht einmal mittelfristigen. Im Fußball etwa wäre es undenkbar, dass sich eine Mannschaft gegen einen harten und gleichwertigen Gegner durchsetzt, wenn sie gar nicht gewinnen will. Sie wäre wie ein Unternehmer, dem es gleichgültig ist, ob er Gewinn macht oder nicht.

Dieses »Ja, ich will« drückt auch Leidenschaft aus. Ob wir ein Vorhaben umsetzen, hängt in hohem Maße davon ab, wie leidenschaftlich wir es angehen. Dabei kommt es nicht darauf an, was wir tun. Es kommt darauf an, dass wir es mit ganzem Herzen tun. Man könnte fast pathetisch werden: Stellen Sie sich vor, Sie könnten ein Leben führen, in dem Sie Ihrem Herzen folgen. Nicht einem beruflichen Karriereplan oder dem von den

Eltern gewünschten Weg. Stellen Sie sich vor, Sie würden jeden Tag an der Umsetzung Ihrer Herzenspläne arbeiten. Das ist Leidenschaft. Das wird Spitzenleistung. Das ist gar nicht zu verhindern.

Suchen Sie also nach Motiven, nach Gründen, warum Sie etwas machen wollen. Finden Sie etwas, das Sie motiviert, ist das ausgezeichnet. Finden Sie nichts, dann suchen Sie weiter nach einem triftigen Motiv – oder einem anderen Vorhaben.

Nr. 2: Trainieren Sie Ihren Sisu

Sie fragen sich, was das sein könnte: Sisu. Es ist kein Schreibfehler – nicht Susi und nicht Sushi, sondern Sisu. Bis vor kurzem hatte ich auch keine Ahnung, was sich dahinter verbirgt. Im Zuge von Interviews für diesen TaschenGuide antwortete mir Pia Palmu, eine hochrangige Führungskraft mit finnischen Wurzeln, unter anderem: »Ich als Finnin habe da mein Sisu, was man leider nicht so einfach übersetzen kann. Es ist so eine Mischung aus Hartnäckigkeit, Ausdauer, Engagement, einem unbedingten Willen ... also: nicht aufgeben, dranbleiben, weitermachen, wieder aufstehen, Resilienz, Frusttoleranz.«

Sisu soll eine rein finnische Charaktereigenschaft sein. Sisu, diesen finnischen Durchhaltewillen, kann aber jeder trainieren – auch ohne Finne zu sein. Wobei es hilfreich ist, sich ein paar psychologische Erkenntnisse zunutze zu machen.

Sisu braucht Zeit

Wie steht es um Ihren Sisu? Wie beharrlich, wie ausdauernd bleiben Sie an einer Sache dran? Eine erste Erkenntnis: Es ist klug, sich einzugestehen, dass der Aufbau von Sisu Zeit benötigt. Außer man ist Finne und bekommt das in die Wiege gelegt, versteht sich. Wir anderen müssen Sisu bewusst aufbauen. Dabei sollten Sie stets dem Prinzip folgen: Am Anfang steht die Anstrengung und erst zeitlich verzögert erfolgt die Belohnung. Ich nenne es gern »Überwindungsprämie«, weil zuerst etwas Unangenehmes zu tun ist (= Überwindung) und der Erfolg (= Prämie) erst später folgt.

Sie verzichten auf Zigaretten, den täglichen Schokoriegel oder das abendliche Bier – die Belohnung erhalten Sie erst Monate, Jahre oder Jahrzehnte später. Sie trainieren dreimal die Woche, gehen trotz Gelegenheit nicht fremd, nehmen Ihre Kinder ernst, bilden sich weiter, liefern ausgezeichnete Qualität, lesen gute Bücher – die Liste ist unendlich. Manchmal frage ich mich, ob dieser Grundsatz für alles und jedes gilt. Sicher ist: Für alles, was Ihnen wichtig ist, müssen Sie sich anstrengen. Und Sie werden schwierige Phasen durchstehen müssen. Die Belohnung folgt fast nie direkt hinterher; manchmal dauert es unabsehbar lang. Es erinnert ein bisschen an einen gesetzten Keimling: Man gießt und düngt und pflegt und hofft ... und eines Tages, vielleicht, sprießt etwas ans Tageslicht. Also: Denken Sie immer daran, dass Sie Zeit benötigen, bis sich der nach außen sichtbare Erfolg einstellt. Ist man sich dessen bewusst, bewahrt man sich eine größere Zuversicht und einen höheren Grad an Energie.

Sisu ist ein geistiger Hindernislauf

Die zweite Erkenntnis: Auf dem Weg zum Ziel werden Hindernisse auftauchen. Ist doch klar, denken Sie? Gut, dann schreiben Sie auf, was Sie an Schwierigkeiten erwarten. Sie werden ziemlich schnell merken, dass es doch nicht ganz so klar ist.

Bewährt hat sich folgende Untergliederung:
- Sicher eintretende Hindernisse
- Wahrscheinliche Hindernisse
- Mögliche Hindernisse
- Innere Hindernisse

Sicher eintretende Hindernisse

Wer sich langfristig auf einen Marathon vorbereitet, wird mit Sicherheit irgendwann schwierige Witterungsbedingungen vorfinden. Unerträgliche Hitze, Regen, Schnee, vielleicht gar Glatteis. Schreiben Sie solche Dinge auf, auch wenn sie noch so selbstverständlich klingen! Natürlich gibt es komplexere Vorhaben, als Laufen zu wollen, etwa sich selbstständig machen oder auswandern. Dann muss man eben länger darüber nachdenken und aufschreiben (!), was so auf einen zukommen könnte. Das Prinzip aber bleibt gleich.

Wahrscheinliche Hindernisse

Bleiben wir beim Lauf-Beispiel: Es ist wahrscheinlich, dass kleinere Verletzungen auftreten, die Trainingspausen erzwingen. Wahrscheinlich lässt sich der Trainingsplan aus beruflichen Gründen nicht immer einhalten und andere Hobbys werden zurückstehen müssen.

Mögliche Hindernisse

Hier kommen wir zum »Kann-sein-muss-aber-nicht-sein«. Auch wenn etwas vielleicht gar nicht passiert, ist es hilfreich, geistig darauf vorbereitet zu sein. Im Lauf-Beispiel könnte es sein, dass sich der Lebenspartner beschwert, weil man abends früher ins Bett geht, um morgens ausgeschlafen laufen zu können. Vielleicht sind die Wochenenden nicht mehr so erholsam wie früher? Möglicherweise bekommt man Gegenwind von Bekannten, die fragen, ob man in der Midlife-Krise sei: »Du warst doch früher nicht so ehrgeizig. Hast schon ganz schön abgenommen. Was ist los? Jüngere Freundin?«

Auch wenn mögliche Hindernissen deutlich seltener eintreffen mögen als wahrscheinliche, so ist es aus psychologischer Sicht dennoch für den Erfolg sehr wichtig, sich diese geistig schon erfolgreich bewältigen zu sehen.

Innere Hindernisse

Hier geht es nicht um äußere Widrigkeiten, sondern um die ganz persönlichen Saboteure, die alle guten Vorsätze geschickt zu Fall bringen können. Zu dieser Rubrik gehören Ausreden wie:

»Das weiß ich doch nicht, ob mir vielleicht die Lust vergeht.« Doch. Im Normalfall wissen Sie das. Sie kennen sich am besten. Sie sind schon unendlich viele Vorhaben angegangen. Analysieren Sie diejenigen, die nicht geklappt haben: War ich zu ungeduldig? Habe ich zu schnell resigniert? Habe ich mich von anderen negativ beeinflussen lassen? Hat mich der Mut verlassen? Die Palette an inneren Blockaden ist so zahlreich, wie es Menschen auf dieser Welt gibt. Das braucht nicht zu stören – wir müssen ja nur einen einzigen Menschen genau betrachten: uns selbst. Auch hier gilt: Schreiben Sie auf, was da genau los war bzw. ist. Und: Seien Sie ehrlich zu sich selbst! Es bringt nichts zu schreiben: »Das Ziel war zu anspruchsvoll«, wenn Sie genau wissen, dass Sie einfach zu faul waren.

Alles aufgeschrieben – und dann?

Haben Sie alles notiert, stellt sich natürlich bei jedem Einzelpunkt die Frage: Wie gehe ich damit um? Was mache ich, wenn mir der Chef Knüppel zwischen die Beine wirft oder wenn ich keine Lust habe? Die Antworten fallen naturgemäß unterschiedlich aus. So hilft z. B. bei einem Durchhänger dem einen der Anruf bei einem Kollegen, dem anderen der Rückzug in die Natur. Bei einem Dritten sind es die Gedanken an bisherige Erfolge. Es geht also um Ihre individuelle Antwort. Und es geht aus psychologischer Sicht auch hier wieder darum, diese möglichen Hürden geistig vorwegzunehmen und sich nicht von ihnen überraschen zu lassen. Zudem wissen wir so schon um einen Weg, diese Hürden zu überwinden. Und wenn die Hindernisse erst gar nicht auftauchen? Umso besser!

Haben Sie schon einmal von Eva Jaeggi gehört? Die Psychologin, mittlerweile über 80, beschäftigt sich bereits seit vielen Jahre mit der Frage, was Beziehungen langlebig werden lässt. Unter anderem schrieb sie das Buch »Alte Liebe rostet schön. Was Paare zusammenhält.« In einem Interview brachte sie es auf den Punkt: »Man muss verstehen, dass es Wellen gibt, die auf und ab gehen.« Gut, sie nennt es »Wellen« und nicht Hindernisse. Aber auch hier gilt: Alle vier Hindernisarten werden in Beziehungen auftauchen. Schon bei der kirchlichen Trauung ist von »guten und schlechten Tagen« die Rede. Wer sich geistig darauf eingestellt hat, behält seinen Partner. Zumindest länger.

Indem Sie sich über kommende Hindernisse klar werden und ihre Bewältigung geistig vorwegnehmen, haben Sie schon die halbe Miete. Und die andere Hälfte? Ganz einfach: Trainieren Sie Ihren Sisu-Muskel an alltäglichen Kleinigkeiten. Ob Sie ein Buch lesen, das Laub rechen oder eine Analyse im betrieblichen Umfeld machen möchten: Nehmen Sie es als Trainingsaufgabe. Sie werden immer stärker dadurch. Nutzen Sie den Umgang mit Unangenehmem dazu, Ihren Sisu zu trainieren. Nehmen Sie es sportlich.

Und wenn ein Hindernis dann wirklich eintritt?

Ein Sinnspruch aus der »Edda«, einer altisländischen Sammlung von Götter- und Heldensagen, lautet: »Schwere See stärkt die Arme unserer Ruderer und der Sturm bringt uns schneller ans Ziel.« Denken Sie daran: Bewältigte Hindernisse machen uns stärker. Das zeigt auch die folgende Geschichte.

Die beiden Gärtner

Ein Gärtner sollte einen ganz besonderen Baum im Garten des Königs pflanzen. Er hub ein großes Loch aus und ließ die feinste und nährstoffreichste Erde des Landes bringen. Er siebte alle Steine aus, setzte den Baum und schaufelte die Erde im weiten Rund um den Stamm hinein. So sollten sich die Wurzeln des Baumes ohne Widerstände durch Steine oder den umliegenden Lehmboden schnell ausbreiten können und eine gute Versorgung des Stammes garantieren. Und tatsächlich: Der Baum wuchs prächtig an. Die überall verfügbaren Nährstoffe trieben ihn zu schnellem Wachstum, er spross in die Höhe, dass es nur so eine Freude war. Doch als der erste Sturm kam, knickte er um. Seine Wurzeln hatten nichts, an denen sie sich hätten festhalten können.

Es kam der zweite Gärtner, dem die gleiche Aufgabe aufgetragen wurde. Auch er hub ein Loch aus, jedoch kleiner als das des anderen Gärtners. Auch er orderte nährstoffreiche Erde, ließ aber die Steine darin. Er suchte sogar noch einige größere Wackersteine und verteilte diese ebenfalls in dem Erdloch. Auch dieser Baum wuchs prächtig an. Seine Wurzeln fanden Halt an den Steinen und dem nahen Lehmboden. So konnte ihm der Sturm nichts anhaben. Die Hindernisse hatten ihn stark gemacht.

Nr. 3: Übernehmen Sie Verantwortung

BEISPIEL

An einer Schule im Nachbardorf wurden acht 13-jährige Mädchen hinter dem Schulhof mit einer Flasche Wodka erwischt. Eltern und Kinder wurden daraufhin in Einzelgesprächen zum Rektor vorgeladen. Die Aussagen der Mädchen lauteten unter anderem so: »Ich habe gar nichts getrunken. Das waren die anderen.« Eine andere wehrte sich vehement gegen die Vorwürfe: »Ich habe noch nie Alkohol getrunken. Meine Eltern wissen das und können das bezeugen.« Die nächste meinte, sie habe nur mal kurz genippt. Wieder eine andere sagte voller Edelmut, sie sei doch nur dabei gewesen, um aufzupassen, damit es nicht so schlimm würde.

> Nur ein Mädchen, Lena, gab offen alles zu. Ja, sie habe getrunken. Ja, sie wollte das ausprobieren. Nein, Alkohol trinken sei bei ihr nicht üblich und Wodka schon gar nicht. Ja, sie habe auch geraucht.

Wenn ich Sie jetzt fragte, welches der Mädchen Sie einstellen würden, würden Sie wohl Lena wählen. Ich ebenfalls. Doch das Verhalten der anderen Mädchen ist kein Einzelfall. Im Gegenteil. Es scheint eine um sich greifende gesellschaftliche Unsitte zu sein, Verantwortung für das eigene Tun abzulehnen.

Menschen verzeihen alles – fast alles

BEISPIELE

> Nachdem ich den Auftrag nicht bekommen habe, sage ich zum Chef: »Der Kunde wollte solche Konditionen, die konnte ich ihm nicht bieten. Und die Konkurrenz wird mit ihm auch nicht glücklich.«
>
> Ein Kind hat in Mathe eine Fünf geschrieben. Es sagt: »Die Arbeit war auch wirklich schwer. Wir hatten das gar nicht geübt.«
>
> Nach der vierten Scheidung: »Kein einziger meiner Lebenspartner hat mich wirklich verstanden.«

Die Aussagen im Beispiel müssen wir nicht einzeln erläutern. Wir wissen, dass wir selbst die Verantwortung tragen für Aufträge, Noten, gute Beziehungen. Es ist jedoch viel leichter, Ausreden zu erfinden und die Schuld auf andere oder gar auf die Umstände zu schieben. Dabei wäre es fast immer klüger, Fehler einzugestehen und die volle Verantwortung dafür zu übernehmen. Ein Mentor meinte einmal: »Reinhold, die Menschen verzeihen dir jeden Fehler. Nur den einen nicht: wenn du einen Fehler vertuschen möchtest.«

BEISPIEL

> Ein bezeichnendes Beispiel erlebte ich auf der gemeinsamen Autofahrt mit dem Inhaber eines mittelständischen Unternehmens. Rund fünf Kilometer vor dem Ziel tönte das Navi, wir sollten uns rechts halten. Er fuhr geradeaus weiter: »So ein Blödsinn. Ich kenne mich hier aus. Dieser Weg ist viel schneller.« Wir verfuhren uns gnadenlos, wendeten irgendwann und folgten letztlich doch den Anweisungen des Navigationsgerätes. Kommentar des Fahrers: »Scheiß Technik!«

Selbst in den offensichtlichsten Fällen neigen wir dazu, Verantwortung abzulehnen. Polen Sie Ihre Einstellung um, übernehmen Sie auch für Kleinigkeiten die Verantwortung.

Die drei Verantwortungsbereiche

Es lassen sich, abhängig von Ihren Einflussmöglichkeiten auf das Geschehen, drei Verantwortungsbereiche unterscheiden.

Die drei Verantwortungsbereiche		
1.	0 % Einfluss = 0 % Verantwortung	Dazu gehören Faktoren, die Sie nicht verändern können, etwa das Wetter oder die US-amerikanische Außenpolitik.
2.	100 % Einfluss = 100 % Verantwortung	Dazu gehört alles, was Sie selbst in der Hand haben: ob Sie rauchen, Ihre Beziehung fürsorglich pflegen oder beständig Ihr Bestes geben.
3.	Der Rest dazwischen = 100 % Verantwortung	Dazu gehören Bereiche, die Sie zum Teil beeinflussen können, zum Teil auch nicht – beispielsweise, ob Sie eine gute Ehe führen oder ob der Kindergeburtstag gelingt.

Wahrscheinlich verwirrt Sie der 100 %-Anteil an Verantwortung im Bereich Nr. 3. Möchten Sie z. B. eine großartige Beziehung führen, sind Sie dafür ja nicht allein verantwortlich. Es gehören zwei dazu. Sie haben allerdings 100 % Verantwortung für Ihren eigenen Part. Sind Sie verständnisvoll, hören Sie zu? Wie aufmerksam sind Sie, wie liebevoll, aufmunternd usw.? Möchte man es ganz sauber aufteilen, könnte man diesen Part auch ausklammern und in den Bereich Nr. 2 mit 100 % verschieben.

So, und jetzt kommt der Clou: Selbst für glasklare 100 %-Bereiche schieben die meisten Menschen die Verantwortung von sich. Schuld waren andere. »Ich kann doch nichts dafür. Ich konnte doch nicht ahnen, dass ...«

BEISPIEL

> Vor langer Zeit arbeitete ich als Redakteur bei einer Zeitschrift. Vieles war damals noch echte Handarbeit. Gegen Redaktionsschluss war es meine Aufgabe, Kleinanzeigen so zu trimmen, dass sie zeilengenau passten. Lagen viele Kleinanzeigen vor, musste man kürzen; waren es zu wenige, musste man Text anfügen. Eines Tages hatten wir deutlich zu wenig Anzeigen. Ich versuchte alles, aber es blieb immer noch zu viel unbeschriebener Raum übrig. Dann fiel mir auf, dass jedes »und« stets abgekürzt war mit »u.« Gut, dachte ich mir, das kann man mit »und« ersetzen. Sind zwar nur zwei mehr Buchstaben als »u.«, aber immerhin. Mit Suchen und Ersetzen erledigte mein PC, was ich ihm aufgetragen hatte. Alles passte wie angegossen. Auf Speichern gedrückt, abgeschickt und – ab in den Feierabend.
>
> Frühmorgens riss mich ein Anruf vom Verlag aus dem Schlaf: »Herr Stritzelberger, hier stimmt was nicht! Können Sie mal vorbeikommen?« In der Redaktion waren Druckhelfer versammelt, die – das war vor etwa 30 Jahren so – die auf Folie ausgedruckten Seiten für den Druck fertigmachen sollten. Ihnen war aufgefallen, dass viele der Kleinanzeigen keinen Sinn ergaben: »Computer gesund« und »Sund alte Hef-

> te«. Was war geschehen? Mein PC hatte wie befohlen alle »u.« durch »und« ersetzt. Aber eben nicht nur das abgekürzte »und«, sondern eben auch das als »gesu.« abgekürzte »gesuchte«, oder das als »su. Hefte« abgekürzte »suche Hefte«.
>
> Heute kann ich darüber schmunzeln, damals war das nicht lustig. Ich hatte einen tyrannischen Chef. Was sollte ich ihm sagen? Wie sollte ich es ihm sagen? Nun, ich fing ihn auf dem Flur ab, noch bevor andere die Chance hatten, ihm diese Katastrophe zu schildern. Ich sagte ihm, dass etwas Schlimmes passiert sei und dass es einzig und allein mein Fehler war. Wissen Sie, wie dieser Tyrann reagierte? Er hat mich lange angeschaut, geschmunzelt und gemeint: »Bringen Sie das wieder in Ordnung.«

Für seine Reaktion bin ich meinem ehemaligen Chef noch heute dankbar. Im Übrigen reagieren Menschen oft so oder ähnlich, sofern man einen Fehler aufrichtig zugibt und die Verantwortung dafür übernimmt.

Sich der Verantwortung zu stellen, ist meist ausschließlich mit Vorteilen verbunden. Aber man muss einen Preis dafür bezahlen: Man steht schutzlos da, fühlt sich schuldig und kann nur auf eine milde Reaktion des Gegenübers hoffen. Das können viele nicht aushalten. Deshalb suchen sie nach Ausflüchten und Rechtfertigungen.

Eigenverantwortung trainieren

Kann man sich Eigenverantwortung antrainieren? Wie schaffe ich es, mich für das, was ich verantworte oder zumindest beeinflusse, verantwortlich zu fühlen? Das ist eine ganz zentrale

Frage. Jahrelang hatte ich darauf keine Antwort parat. Ist das angeboren oder wie kann ich es üben?

Der Schlüssel liegt darin, hinter die Kulissen zu blicken und sich zu fragen, woraus sich Verantwortung eigentlich speist. Sie folgt nämlich immer auf – bewusste oder unbewusste – Entscheidungen. Entscheidungen ziehen bestimmte Folgen nach sich, die ich ausgelöst habe. Eine schlampige Vorbereitung der Präsentation, die tägliche Tüte Chips, der Verzicht auf Weiterbildung – das alles sind Entscheidungen mit Auswirkungen. Deren Folgen lassen sich nicht immer absehen. Es sind aber höchstwahrscheinlich andere als bei einer perfekt vorbereiteten Präsentation, einem Leben ohne Chips oder mit ständiger Weiterentwicklung.

Übertragen wir das auf unsere Verantwortungsbereitschaft und das dazu notwendige Training: Treffen Sie Entscheidungen und stehen Sie dazu. Tun Sie es, so oft Sie können. Es ist das beste Training überhaupt. Entscheiden Sie sich beim Restaurantbesuch mit der Familie für ein unbekanntes Lokal – und stehen Sie zu Ihrer Entscheidung, auch wenn es fürchterlich schmeckt. Keine Ausreden, keine Ausflüchte (»War eine Empfehlung«), keine Beschwichtigung (»So schlecht war es doch gar nicht«). Es war Ihre Entscheidung und die war eben dieses Mal nicht so gut. Punkt. Es geht um ganz banale, kleine Entscheidungen. Fangen Sie ganz einfach an und steigern Sie dann die Intensität.

Einige Anregungen für tägliche Entscheidungen
1. Heute bleibt der Fernseher aus.
2. Am Wochenende mache ich mal gar nichts.
3. Ich entschuldige mich aufrichtig bei Kristin.
4. Besuch bei den Schwiegereltern? Diesmal ohne mich.
5. Ich schreibe einen Leserbrief an unsere Regionalzeitung.

Die Liste könnte endlos fortgeführt werden. Jeden Tag treffen wir Dutzende Entscheidungen mit Langzeitwirkung. Wichtig ist dabei: Treffen Sie die Entscheidung stets bewusst und seien Sie sich sicher, dass Sie zu den Folgen stehen werden. Solche bewussten Entscheidungen stärken nicht nur den Verantwortungsmuskel. Sie tragen auch dazu bei, so manches Mal aus der täglichen Routine auszubrechen.

FORTSETZUNG DES BEISPIELS

> Vielleicht wollten die Wodka-Mädchen ja nur aus der Routine ausbrechen? Die Geschichte ging übrigens noch weiter. Der Rektor war nicht auf den Kopf gefallen. Ihm war klar, dass Lena die Flasche nicht allein leergetrunken haben konnte. Also sollten alle Mädchen die gleiche Strafe bekommen. Wie fielen die Reaktionen aus? »Das ist ungerecht«, »Ich habe doch gar nichts getan!«, »Das ist eine Sammelstrafe – die ist verboten!« – und Ähnliches mehr. Ein einziges Kind hat die Strafe klaglos akzeptiert. Raten Sie mal welches?

Nr. 4: Sehen Sie's sportlich

Aus dem Spitzensport lässt sich so manches Hilfreiche auf den persönlichen und beruflichen Bereich übertragen. In diesem Abschnitt möchte ich Ihnen ein bisschen Sportsgeist ans Herz legen.

BEISPIEL

> Zwei wunderschöne Wochen Urlaub mit der Familie an der Ostsee waren vorbei. Es war Abreisetag. Meine Frau packte, währenddessen ich das Auto tanken, Leergut abgeben und Proviant für die rund zehnstündige Heimfahrt einkaufen wollte. Voller Elan fuhr ich los. Ich suchte eine ARAL-Tankstelle. Dort gab es damals diese fantastischen Fußballbundesliga-Buttons zum Sammeln, von denen meinem Sohn nur noch ein einziger fehlte. Die Gelegenheit schien günstig, ihm eine Freude zu machen. Ich tankte, bezahlte und fragte die Dame an der Kasse, ob sie mir netterweise einen (genau diesen!) Magnetknopf geben könnte. »Nein. Geht nicht!«, antwortete sie schroff. Von meinen Trainings bei ARAL wusste ich aber, dass es eben doch ging. Die Tankstellen waren sogar angewiesen, großzügig zu den Kunden zu sein. Ich versuchte, meinem Ziel argumentativ näher zu kommen. Ich hätte eine Autowäsche machen können, um das Recht auf einen Button zu erwerben. Stattdessen bot ich an, zehn Euro für die Kaffeekasse zu spenden – keine Chance. Um es kurz zu machen: Die Dame ließ sich nicht erweichen. Der Button blieb hinter der Verkaufstheke.
>
> Ziemlich geladen verließ ich die Tankstelle. Leergut abgeben in der Innenstadt. Kein Parkplatz weit und breit. Nach endloser Suche endlich eine Lücke zwischen zwei Autos. Die Lücke ist so schmal, dass ich links und rechts keinen Platz habe, um die Türen zu öffnen. Stolz, mit meinem Sharan in diese Minilücke rangiert zu haben, steige ich durch den Kofferraum aus, nehme meine vier Leergut-Kästen und marschiere los. »Halt. Halt!«, höre ich es hinter mir und drehe mich um. Eine Frau stürmt aus der Apotheke: »Hier können Sie nicht parken. Der Platz gehört uns.« Gut. Ich hatte das Schild nicht gesehen. Kleinlaut stieg ich durch den Kofferraum wieder ein, parkte aus. Der nächste freie

> Parkplatz lag im Halteverbot. War mir momentan egal. Mit meinen Kästen in der Hand fragte ich eine Passantin, wo ich die denn am besten abgeben könne. Sie empfahl den Discounter »gleich da vorn um die Ecke«. Diese Aussage entpuppte sich als ungenau und zog einen über zehnminütigen Fußmarsch nach sich. Die Kästen wurden immer schwerer. Im Laden angekommen, erkundigte ich mich nach der Abgabestelle. »Abgabestelle? Wir nehmen kein Leergut an.«
>
> Hier kürze ich ab: Irgendwann fand ich einen Laden, in dem ich die Kästen abgeben konnte. Später merkte ich, dass die Dame, bei deren Marktstand ich Proviant kaufte, die Tüten vertauscht und mir statt acht belegter Schnitzelbrötchen etliche Brötchen mit Thunfisch mitgegeben hatte (bei Thunfisch wird mir schlecht). Ich trat noch in einen Hundehaufen, hatte einen Strafzettel am Auto und wurde auf der Rückfahrt geblitzt, da ich zu schnell unterwegs war.

Raten Sie mal, wie ich mich damals fühlte. Es ging mir ... blendend! Ich kam zurück zu meiner Familie, sprühte nur so vor Witz und Energie und die Heimfahrt war eine wahre Freude. Wie kann das sein? Kann das stimmen? Ich versichere Ihnen: Es ist wahr. Wobei es, zugegeben, nicht gleich so war und ich mich natürlich anfangs maßlos ärgerte. Der Wendepunkt kam, als ich mich wieder ins Auto setzen wollte. Da tauchte der Gedanke auf: »Heute ist nicht mein Tag.« Hoppla – noch nicht einmal 9 Uhr morgens und schon soll nicht mein Tag sein? Da kommen doch noch mindestens 12 Stunden! Da muss doch ein anderer Gedanke möglich sein! Welche Einstellung also wäre klüger, nützlicher? Ich entschied mich ganz bewusst für: »Nimm's sportlich! Zeig, was du drauf hast! Das sind Trainingseinheiten.«

»Ja«, dachte ich noch, »genau!« Und: »Ich lass' mich nicht unterkriegen.« Und dann lief der Rest wie von alleine. Hundehaufen?

Trainingseinheit. Thunfisch, Blitzer, Strafzettel? Ganz normale Übungen. Voller Stolz, bereits so früh am Tag so gut trainiert zu haben, stürmte ich die Treppen zu unserer Ferienwohnung hinauf. Es ist unerheblich, ob dies eine echte geistige Trainingseinheit war oder nicht. Nur war mir diese Einstellung hilfreicher als: »Heute ist nicht mein Tag.«

Wir können uns unterkriegen lassen, kleinmütig und frustriert werden – oder wir können es sportlich nehmen im Wissen, dass jedes Hindernis stärker macht.

Nr. 5: Es ist genug für alle da

Für jene, die sich einst mit vielen Geschwistern um den Nachtisch streiten mussten, wird es jetzt schwierig. Entscheidend für das dauerhafte Erbringen persönlicher Spitzenleistung ist nämlich nicht das Gefühl, sich in einem ständigen Konkurrenzkampf mit anderen um das einzige Stück Kuchen streiten zu müssen. Entscheidend ist zu wissen, dass es genug Kuchen für alle gibt. Steht nur noch ein Stückchen auf der Platte, kann man nachbestellen.

Erkennen Sie den Unterschied? Beim Kampf um das letzte Stück beginnt sofort der Stress im Kopf. Man muss kämpfen, tricksen, schnell sein. Wie entspannend dagegen fühlt es sich an, wenn genug für alle da ist. Da lass ich den anderen doch das Stückchen schnappen – ich weiß doch, dass Nachschub kommt. Diese Einstellung liegt so nahe, dass man sie leicht vergisst. Die

Amerikaner nennen sie Growth Mindset. Sie soll nicht allein suggerieren, dass alles in Hülle und Fülle vorhanden ist, sondern dass man – nur – mit dieser Einstellung Wachstum fördert.

Genau in diese Richtung zielt auch eine Merkregel, die vor über 20 Jahren der Verkaufstrainer Hans A. Hey lehrte: Doppel-W-oND. Dahinter verbirgt sich »Win-win – or No Deal«, was bedeutet: Entweder ist ein Geschäft für beide Seiten vorteilhaft, oder es gibt eben keinen Abschluss. Achtung: Das predigte ein Verkaufstrainer! Und nicht nur das: Hey lebte es jahrzehntelang vor.

Nun geht es hier um langfristige Spitzenleistungen, nicht etwa um einen einzigen erfolgreichen Verkaufsabschluss oder gar darum, einen Kunden über den Tisch zu ziehen und selbst fette Provisionen einzufahren. Die Quintessenz lautet vielmehr: Wer verinnerlicht, dass es genug für alle gibt, läuft ebenso zielstrebig, doch weniger verbissen auf der Erfolgsspur. Und, vielleicht nicht nur ein Nebeneffekt: Er fühlt sich dabei deutlich wohler.

BEISPIEL

> Maria, Unternehmerin: »Seit vielen Jahren bin ich Einzelkämpferin. Meinen beruflichen Alltag hatte ich bislang als täglichen Überlebenskampf gesehen, in dem ich immer wachsam sein musste. Der Gedanke, dass beide Seiten profitieren oder keiner, war mir vollkommen fremd. Doch Neues probiere ich gern aus. Die Gelegenheit dazu ergab sich, als mein Lieferant den Preis für Überraschungspakete verdoppeln wollte. Solche Überraschungspakete enthalten fünf bis acht Produkte, die wir aus Rücksendungen zusammenstellen. Kunden kaufen so quasi die Katze im Sack. Die Preiserhöhung erstaunte mich, weil ich stets zwei Mitarbeiter einen ganzen Arbeitstag für das Zusammenstellen dieser Pakete abstellte und damit dem Lieferanten Arbeitszeit

> einsparte. Ich wurde zu einer Besprechung geladen, bei der ich die Hintergründe erfahren sollte.
>
> Bis vor Kurzem wäre ich hingefahren und hätte vorgerechnet, was die an Umsatz mit uns machen, wie viele Jahre wir schon Stammkunde sind usw. Doch ich dachte an »Doppel-W-oND« und ganz konkret: »Ich bin mir sicher, dass es eine Lösung gibt, die für beide Seiten vorteilhaft sein wird.« So war es auch. Es stellte sich heraus, dass der Lieferant wegen meiner Mitarbeiter sein automatisches Packsystem hatte umstellen müssen, was bei ihm Mehraufwand verursachte. Mir wurde klar, dass ich die Mitarbeiter nur eingesetzt hatte, weil ich dem automatischen Verpacken nicht traute.
>
> Das Ergebnis: Ich stellte keine Mitarbeiter mehr ab. Das automatisierte Packen mit individuellen Vorgaben klappte nach einer kurzen Umstellungsphase einwandfrei. Der Preis konnte gehalten werden. Der Lieferant sparte Umrüstkosten.

Doppel-W-oND ist alternativlos. Doppel-W-oND ist im ganzen Leben alternativlos.

Auch ich pflege diese Einstellung seit rund 25 Jahren ganz bewusst. Dennoch vergesse ich manchmal im Alltag Doppel-W-oND. Ich spüre es dann sofort, weil kämpfen viel mehr anstrengt als die Einsicht, dass es für beide Seiten eine gute Lösung gibt.

Am offensichtlichsten wird die positive Wirkung von Doppel-W-oND in langjährigen Beziehungen. Wahrscheinlich niemand – hoffentlich niemand! – kommt auf die Idee, zu glauben, er könne seinen Lebenspartner immer mal wieder über den Tisch ziehen und damit eine langjährige Partnerschaft fördern. Das Pendant, selbst ständig zurückzustehen und dem anderen den Vorzug zu lassen, macht auf Dauer auch unzufrieden. In einer Liebesbeziehung wird es offensichtlich: wenn einer verliert, verlieren beide. Der Umkehrschluss daraus: Beide Seiten profitieren oder man lässt es eben sein.

Nr. 6: Sie haben alle Zeit der Welt

Der Begriff »Zeit« ist oft verknüpft mit den Assoziationen eilig, Gas geben, keine Zeit verschwenden. Schieben Sie das bitte rasch zur Seite. Sie haben alle Zeit der Welt.

Glauben Sie nicht? Dann denken Sie an die Schnecke, die auf der Arche Noah mitfahren sollte. Meinen Sie, die Schnecke hätte sich beeilt und die gerade ablegende Arche mit einem kühnen Hechtsprung geentert? Natürlich nicht. Die Schnecke kroch frühzeitig los und näherte sich in dem ihr eigenen Tempo dem Ziel, ganz beharrlich, Zentimeter um Zentimeter.

Das Wissen, seinem Ziel ohne Hast und Eile immer näher zu kommen, ist unglaublich entspannend. Doch diese so hilfreiche Einstellung kommt nicht von allein. Vor allem intensiv ins Tagesgeschäft eingebundene Führungskräfte arbeiten immer schneller, immer härter. Wer sich alltäglich durch einen schier undurchdringlichen Arbeitsdschungel kämpfen muss, verliert leicht die Orientierung.

Wichtiges vor Dringendem

Was also tun? Um sich nicht im Hamsterrad zu drehen, bis einem schwindlig ist, stellen Sie sich am besten die Gretchenfrage: Was ist mir wirklich, wirklich, wirklich wichtig?

Die Antworten auf diese Kernfrage werden Sie immer auf Kurs halten. Im Grunde gibt es tatsächlich nicht viele außerordentlich wichtige Dinge im persönlichen Umfeld: Gesundheit, Beziehungen und Familie, Beruf und Finanzen, persönliche Entwicklung, soziales Engagement. Mit etwas Nachdenken wird rasch klar, was im Vordergrund stehen sollte. Im Alltag wird das jedoch ständig in den Hintergrund gedrängt, so dass man es vernachlässigt.

Es liest sich banaler, als es tatsächlich ist. Es braucht im Alltag schon eine Weile, sich wieder auf das Bedeutsame zu besinnen. Meist dauert es ein paar Wochen, bis man es wieder automatisch vor Augen hat. Nach dieser Zeit aber ist nicht nur dem Manager im Hamsterrad wieder klar, wohin er will. Es geht insgesamt wieder deutlich entspannter und zuversichtlicher ans Werk.

Warum? Weil die Richtung stimmt. Wer rennt und rennt und rennt, kann nicht entspannen, geschweige denn eine dauerhafte Spitzenleistung erbringen. Er macht irgendwann schlapp. Zu allem Übel muss er darüber hinaus feststellen, in die falsche Richtung oder gar im Kreis gelaufen zu sein. Ganz schön frustrierend. Umgekehrt ist es so unendlich wohltuend, das Ziel im Blick zu haben und mal gemächlich, mal flott, darauf zuzusteuern.

Also: Sie haben Zeit.

Nr. 7: Sie sind es sich wert

Durchweg alle dauerhaften Spitzenleister haben ein ausgeprägtes Selbstwertgefühl. Das heißt, sie wissen, dass sie etwas wert sind. Und sie pflegen diesen Wert, indem sie auf sich und ihre Fähigkeiten achten und diese weiterentwickeln. Diese Erkenntnisse sind allerdings so trivial, dass es genügt, sie hier auf die Quintessenz zu reduzieren:

- Achten Sie auf Ihren Körper.
- Achten Sie auf Ihren Geist.

Alles Selbstverständlichkeiten: Halten Sie Ihren Körper in Form, bewegen Sie sich, probieren Sie Neues aus, essen Sie gesund und ausgewogen und so vieles mehr, was auch Zeitschriften wie »Brigitte« ständig thematisieren. Vom Grundsatz her lässt sich das alles mit einem Auto vergleichen. Man muss das Fahrzeug warten, tanken, die Reifen wechseln, es zum TÜV bringen. Kurzum: Soll die Leistung erhalten bleiben, muss man es pflegen. Klare Sache. Bei Menschen ist das genauso. Jeder weiß es. Nicht alle setzen es konsequent um.

Die meisten von uns wissen genau, was Körper und Geist fit hält. Falls nicht, wissen wir, wo wir uns schlau machen können. Daher sollen zwei weniger bekannte und leicht umsetzbare Tipps an dieser Stelle genügen.

Machen Sie Pausen

Wann sollte man am besten Pause machen? Im Seminar gibt es darauf Antworten wie: »Wenn ich erschöpft bin«, oder: »Nach einer Stunde«. Die korrekte Antwort lautet: Der Mensch soll dann eine Pause machen, wenn er meint, er bräuchte noch keine.
Das hört sich nach einem Widerspruch an, der sich aber schnell auflöst. Wer sich bis zur völligen Erschöpfung abrackert und erst dann Pause macht, knüpft nie wieder an sein vorheriges Leistungsniveau an. Wer auf hohem Niveau pausiert, kann auf diesem nahtlos weitermachen.

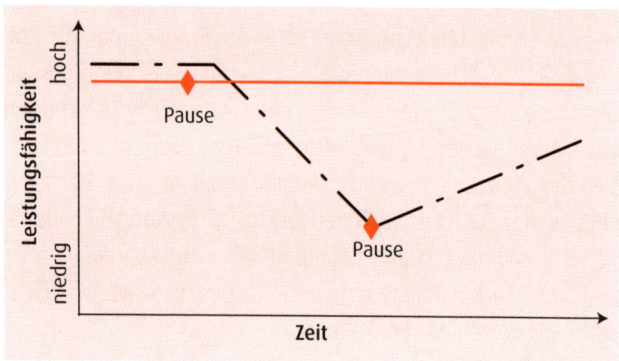

Pausenzeitpunkt und Leistungsniveau

Was bedeutet das in der Praxis? Zwingen Sie sich zu Pausen, solange Sie sich (noch) fit fühlen. Machen Sie einen kleinen Spaziergang, Kniebeugen, plaudern Sie. Wichtig ist, dass Sie kurz abschalten.

Womit wir beim zweiten Gesichtspunkt der Pause angelangt sind: dem Abschalten. Dies beinhaltet auch das Abschalten von Geräten. Es ist definitiv keine Erholung, vom Rechner auf dem Bürotisch zu privaten E-Mails auf dem Smartphone oder Tablet zu wechseln. Schon gar nicht, wenn Sie eine große Pause machen und sich im Urlaub befinden.

Umgang mit Stress

Dauerhaft erfolgreiche Menschen – in der von uns definierten Ausrichtung – bekommen keinen Burn-out. Das liegt in der Natur der Sache. Sie gehen ebenso leidenschaftlich wie zuversichtlich an ihre Aufgabe. Sie haben keinen Stress, zumindest keinen negativen.

Was wir gemeinhin unter Stress verstehen, ist wissenschaftlich sicherlich nicht korrekt. Diverse Lehrbücher definieren den Begriff vielfältig. Klar ist aber, dass sich Situationen unterschiedlich interpretieren lassen. Aus dieser positiven oder negativen Interpretation entsteht entsprechend positiv oder negativ empfundener Stress.

Bekanntermaßen schenkt Stress wertvolle Energie und schärft die Sinne. Auf der anderen Seite kann zu intensiv empfundener Stress krankmachen. Was also tun, wenn sich Aufgaben als schädigend-stressig entpuppen?

Allgemein gibt es zwei Möglichkeiten, Stress zu entfliehen. Zum einen kann man geistig Abstand nehmen, zum anderen körperlich. Im ersten Fall geht es darum, Geschehnisse so zu interpretieren, dass sie keinen negativen Stress mehr oder sogar positiven Stress verursachen. Bis zu einem gewissen Grad funktioniert dies ausgezeichnet. Es gibt zahlreiche Beispiele, etwa, indem man sich den wütenden Chef in Unterhosen vorstellt. So lässt sich geistig Abstand nehmen. Doch diese Methode reicht auf Dauer nicht aus. Sie ist wirksamer als das Schönreden, sicher. Wir lernen dabei aber lediglich, mit einer Situation besser umzugehen oder den Stress zu entschärfen. Viel effektiver ist es, wenn Sie aus ganzem Herzen »Ja, ich will!« sagen können. Dann strengen Sie sich gern an, dann bieten Sie dem Chef die Stirn, ob der nun in Unterhosen oder im Nadelstreifenanzug vor Ihnen steht. Dann nutzen Sie die Energie für Ihre eigenen Ziele.

Den zweiten Gesichtspunkt, den körperlichen Abstand, lege ich Ihnen umso mehr ans Herz, je heißer Sie für Ihre Taten brennen. Ich verspreche Ihnen: Kurze Auszeiten, Tagespausen etwa, verzögern die Ankunftszeit um keine Sekunde, weil Sie Ihr Leistungsniveau konstant aufrechterhalten. Längere Auszeiten, so z. B. sechs Wochen auf Ihrer Lieblingsinsel, lassen Sie wieder so rattenscharf und kribbelig auf Ihr Tun werden, dass

Sie allen Anforderungen – einschließlich Stress – entgegenfiebern. Zusätzlich werden Sie unzählige neue Ideen bekommen, schöpferische Lösungsansätze, gewiefte Anstöße.

Um es in drei Sätzen zu sagen: Meinen Sie, negativen Stress zu verspüren, dann hilft geistiger Abstand nur bedingt. Arbeiten Sie nochmals am »Ja, ich will!«. Sind Sie auf Hochtouren unterwegs und meinen Sie, Sie hätten keinen negativen Stress – dann zwingen Sie sich zu Auszeiten.

> Ich empfehle keine Entspannungsmethode zum »Entstressen«. Negativer Stress ist ein Alarmsignal, dass etwas nicht stimmt. Meist liegt es am Ziel. Statt den Stress täglich 20 Minuten mit progressiver Muskelentspannung vorübergehend wegzuatmen, ist es sinnvoller, diese 20 Minuten in Nachdenken und Vordenken zu investieren, wohin die Reise gehen soll und wie man die Sache umsetzt.

Nr. 8: Denken Sie »Spitzenleistung«

Schwaben kennen die Redewendung: »Bloß nix Narrets«, was so viel heißt wie »Nur keine närrische Hast«. Ja, sie begegnen uns allenthalben, diese Bürosprüche, oft im A0-Format an Bürowände gehängt und mit Karikaturen versehen. »Eile mit Weile« heißt es da oder: »In der Ruhe liegt die Kraft«. Besonders gern genommen wird der Hund Snoopy, der montags topfit dasteht, dienstags bis donnerstags sichtbar schwächer wird und am Freitag völlig erschöpft am Boden liegt. Diese Poster verkörpern das Gegenteil von Spitzenleistung. Stellen Sie sich eine Spitzenmannschaft vor, etwa die deutsche Handball-Nationalmannschaft. Die Sportler trainieren bis zum Umfallen, geben alles und dann meint einer: »Hey Jungs, haltet euch mal mit eurem Trainingseifer zurück – heute ist erst Mittwoch. Wir müssen noch bis Freitag durchhalten.« Er käme den anderen vor wie von einem anderen Stern.

Spitzenleistung entsteht immer zuerst im Kopf. Der Gedanke daran muss jede Gehirnzelle, jede Pore in Besitz nehmen, jede Handlung. Jeder Gedanke muss »Spitzenleistung« sein. Nur so kann auch das Ergebnis spitzenmäßig werden. Zufällige Spitzenleistung gibt es nicht. Der angeblich über Nacht geborene Superstar existiert auch nicht. Es steckt immer jahrelange Arbeit dahinter.

Wie Sie Spitzenleistung zur Gewohnheit machen

Alles, was wir ständig tun, wird Bestandteil unserer Persönlichkeit, unseres Charakters. Einmal eine grandiose Leistung erbringen kann jeder. Beständig auf höchstem Niveau zu agieren, geht nur, wenn Spitzenleistung zur Gewohnheit wird.

In diesem Kapitel erfahren Sie u. a.,

- welche Macht die Gewohnheit hat,
- welche Routinen Spitzenleistung fördern,
- wie Sie zum gewohnheitsmäßigen Spitzenleister werden.

Die Macht der Gewohnheit

Starten wir dieses Kapitel mit einem Rätsel. Von wem ist hier die Rede?

> **Wer bin ich?**
>
> Ich bin dein ständiger Begleiter. Ich bin dein größter Helfer oder deine schwerste Last. Ich werde dich weiter antreiben oder zum Misserfolg hinabzerren.
>
> Ich unterstehe deiner völligen Kontrolle. Die Hälfte deiner Aufgaben kannst du mir überlassen, und ich werde sie schnell und richtig ausführen.
>
> Ich bin einfach zu handhaben – du musst nur beständig mit mir sein. Zeige mir genau, wie du etwas getan haben möchtest und nach einigen Versuchen werde ich es von alleine tun.
>
> Ich bin der Diener großer Menschen, und leider auch für all ihre Misserfolge verantwortlich. Die Großen habe ich groß gemacht. Die Versager habe ich zu Versagern gemacht.
>
> Obwohl ich kein Roboter bin, arbeite ich mit der Präzision einer Maschine und der Intelligenz eines Menschen.
>
> Du kannst mich mit Gewinn betreiben oder du kannst den Ruin anstreben – für mich macht es keinen Unterschied.
>
> Nimm mich, übe mit mir, sei standfest mit mir und ich werde dir die Welt zu Füßen legen.
>
> Sei nachlässig mit mir und ich werde dich zerstören.

Tja, wer könnte das sein? Die Antwort liegt auf der Hand: Es ist die Gewohnheit. »Machen Sie sich das Gute zur Gewohnheit« – so lautet die Kernbotschaft dieses Kapitels. Dauerhafte Spitzenleister denken nicht ständig darüber nach, ob es sich lohnt, hier sein Bestes zu geben oder da noch eine Schippe draufzulegen. Sie tun es einfach. Aus Gewohnheit. Das ist für sie das Normalste der Welt.

BEISPIEL

> Finanz- und Vermögensexpertin Carla: »Mein Chef fragt mich öfter, wie ich es schaffe, aus fast jedem Termin einen Abschluss zu machen. Dabei ist alles ganz einfach. Es geht mir immer darum, das Beste für meinen Kunden herauszufinden, selbst wenn ich einmal wenig oder gar nichts an einem Abschluss verdiene. Ich bereite mich immer so vor, dass ich den Kunden in- und auswendig kenne. Ich weiß haargenau, was er das letzte Mal wie haben wollte, ich kenne die Namen seiner Frau und Kinder und ich weiß, dass sein Hund operiert wurde. Nach einem Gespräch notiere ich mir alle Neuigkeiten. Dann schreibe ich eine Mail an ihn und bedanke mich – auch wenn kein Abschluss zustande gekommen ist. So habe ich schon immer gearbeitet. Ich weiß gar nicht, wie man es anders machen sollte.«

Ich gebe zu: Carla ist überaus charmant und eine versierte Expertin in allen Finanz- und Vermögensfragen. Das kann in dieser Branche sicher nicht schaden. Entscheidend für ihre jahrzehntelangen Spitzenleistungen sind aber ihre Verhaltensweisen, die sie sich zur Gewohnheit gemacht hat. Carla fragt sich nicht vor oder nach einem Verkaufsgespräch, ob sich der Aufwand lohne, etwa sich nochmals alles durchzulesen oder eine Danke-Mail zu formulieren – sie weiß gar nicht, »wie man es anders machen sollte.«

Ohne Übertreibung lässt sich feststellen: »Unsere Lebensqualität hängt von unseren Gewohnheiten ab«. Fragt sich, was gute und schlechte Gewohnheiten sind. Ganz einfach: Gute Gewohnheiten bringen Sie Ihren Zielen näher. Schlechte Gewohnheiten tun es nicht oder bringen Sie gar davon ab.

> »Eine Gewohnheit ist wie ein Seil. Wir weben jeden Tag einen Faden hinein, und irgendwann lässt es sich nicht mehr zerreißen.«
> (Horace Mann)

Sie möchten eine großartige Beziehung führen? Prüfen Sie Ihre Gewohnheiten. Sie möchten gesund bleiben? Finanziell vorsorgen? Spitzenleistung erbringen? Prüfen Sie Ihre Gewohnheiten.

Wie Sie gute Gewohnheiten verinnerlichen

Schauen wir uns an, wie man eine Gewohnheit verinnerlicht. Im Prinzip läuft es wie bei der Umstellung vom morgendlichen Kaffee auf Frühstückstee. Am Anfang steht die Entscheidung »Ab heute Tee!«, dann kommt die Umsetzung und nach einer Weile ist das normal. Kaffee schmeckt dann immer bitterer und irgendwann fragen Sie sich, wie Sie dieses Zeug so frühmorgens überhaupt runterbekommen haben.

Klein anfangen

Beginnen Sie mit überschaubaren Gewohnheit-üben-Einheiten. Nehmen Sie sich als Erstes bloß nicht ein umfassendes tägliches Fitness- und Meditationsprogramm vor. Wenige Minuten pro Tag reichen schon aus.

Zeitraum definieren

Definieren Sie von Anfang an den Zeitraum, in dem Sie Ihre kleinen Trainingseinheiten auch wirklich durchführen werden. Hier genügen in der Regel zwei Wochen. Danach wissen Sie, ob es beispielsweise zu Ihnen passt, Kundentermine oder Präsentationen spitzenmäßig vorzubereiten oder ob Sie Ihr Trainingsprogramm lieber auf einem anderen Gebiet absolvieren und sich vielleicht an die Rasenpflege wagen wollen.

Ist Ihnen klargeworden, dass etwas für Sie gut ist, legen Sie nun einen längeren Zeitraum fest, für den Sie sich verpflichten, diese tägliche Übung auszuüben. Das Minimum dafür sollten drei Monate sein. Danach ist Ihnen die neu etablierte Gewohnheit zwar noch nicht in Fleisch und Blut übergegangen, aber schon zum Ritual geworden. Sie spüren ihre wohltuende Wirkung. Bestes Indiz: Kommen Sie einmal nicht zum Üben, haben Sie das Gefühl, es fehle Ihnen etwas.

An Bestehendes anknüpfen

Sich etwas Gutes anzugewöhnen fällt leichter, wenn man an eine bestehende Gewohnheit anknüpft. Sie streben pro Tag fünf Minuten Gymnastik an? Machen Sie sie direkt nach der täglichen Zahnputz-Routine. Sie möchten täglich Ihre pflegebedürftige Mutter anrufen? Wählen Sie die Nummer immer, sobald Sie im Auto sitzen und zur Arbeit fahren. Tipptopp aufgeräumter Schreibtisch gefällig? Reservieren Sie dafür stets ein paar Minuten, sofort wenn Sie ins Büro kommen oder bevor Sie es verlassen. Bewegungsmuffel und Serienfreak? Wie wäre es mit Fernsehen vom Laufband aus? So lassen sich bestehende Routinen einfach auf andere Handlungen erweitern.

Miese Gewohnheiten ersetzen

Schädliche Gewohnheiten lassen sich oft nur schwierig aufgeben. Einfacher fällt es, sie durch etwas Neues zu ersetzen. Der Raucher sollte nicht einfach mit dem Rauchen aufhören, sondern Zigarettenpausen durch etwas anderes ersetzen, z. B. durch kleine Gymnastikeinheiten. Wer nach dem Essen stets eine halbe Tafel Schokolade vertilgt, kann auf Obst umsteigen.

> »Wir sind das, was wir wiederholt tun. Vorzüglichkeit ist daher keine Handlung, sondern eine Gewohnheit.« (Aristoteles)

Arbeiten Sie mit Jokern

»Ziehen Sie Ihren Joker!«, gehört zu den wertvollsten Tipps, die ich kenne. Er entstand aus der Erkenntnis heraus, dass wir oft etwas beginnen, unterbrochen werden und dann den guten Vorsatz fallen lassen. Wer sich vornimmt, drei Monate lang keine Süßigkeiten zu naschen, und nach vier Wochen bei einem leckeren Tiramisu schwach wird, ist geneigt, das gesamte Vorhaben über Bord zu werfen, nach dem Motto: »Nicht geschafft«. Arbeiten Sie mit Jokern. Planen Sie von vornherein ein paar Ausfalltage ein. Das bedeutet nicht, dass Sie sie nehmen werden. Sollte es aber einmal soweit sein, ziehen Sie einfach Ihren Joker nach dem Motto: »Heute darf ich guten Gewissens damit aussetzen.« Dann können Sie am nächsten Tag damit weitermachen.

Die sechs guten Gewohnheiten von Spitzenleistern

Im Folgenden betrachten wir Gewohnheiten, die sich viele dauerhafte Spitzenleister zu eigen gemacht haben.

Gute Gewohnheit Nr. 1: Spitzenleistung erbringen

Es klingt paradox, in einem Buch über Spitzenleistung dieselbe als antrainierbare Gewohnheit zu bezeichnen. Doch tatsächlich lassen sich Topleistungen »ganz gewöhnlich« erbringen. Vielleicht ist das sogar der Kern dieses Buches: Spitzenleistung ist etwas ganz Normales, hat man sie erst einmal verinnerlicht.

Sie bereiten eine Rede vor? Sie mähen den Rasen? Sie gehen zu einem Kunden? Egal, was Sie tun, liefern Sie stets ein Meisterstück! Halten Sie die mitreißendste Rede des Jahres. Machen Sie die Wiese zum perfekten Rasen. Bereiten Sie einen Kundentermin vor wie Carla. Arbeiten Sie so lange daran, bis Sie hundertprozentig zufrieden sind. Ja, wirklich: zu 100 %. Ich weiß, dass ich mich damit gegen viele Erfolgsratgeber stelle, die das Pareto-Prinzip propagieren. Es besagt, dass 20 % des Aufwands für 80 % des Ergebnisses verantwortlich sind. In vielen Bereichen trifft dies tatsächlich zu. Gerade beim Vorbereiten einer Präsentation genügt es oft, mit 20 % der Zeit ein ordentliches Ergebnis zu erzielen.

> Die Handlungen eines Spitzenleisters ähneln denen eines Perfektionisten. Doch die Unterschiede zwischen diesen beiden Spezies könnten größer nicht sein: Der Perfektionist, so könnte man etwas spitz formulieren, fühlt sich immer als Versager. Warum? Weil er selbst nie zufrieden ist mit dem, was er geleistet hat. Das verursacht negative Gefühle, inneren Stress. Der Spitzenleister hingegen weiß, dass er auf dem richtigen Weg ist. Ganz entspannt in diesem Wissen gibt er sein Bestes – und wenn das nicht reicht, dann lag es nicht an ihm.

Wahrscheinlich bekommen Sie mit hinreichend Zeit auch einen vorbildlichen englischen Rasen hin. Und vielleicht hätte sich dieser TaschenGuide in nur einem Fünftel der Zeit ganz passabel schreiben lassen. Es geht hier aber nicht um Ergebnisse, die »ganz brauchbar« oder »ganz ordentlich« sind. Es geht hier um das Beste, das Sie draufhaben. Es geht um Spitzenleistung! Diese ist zur Hälfte Einstellungssache, wie Sie bereits im Kapitel »Die acht Mindsets des Erfolgs« lesen konnten. Jetzt geht es um die zweite Hälfte: Sie gewöhnen sich an, diese »Einstellungssache: Spitzenleistung« umzusetzen. Andersherum ausgedrückt: Schaffen wir es nicht, Spitzenleistung in unserem täglichen Tun zu verankern – wie könnte das Endergebnis dann »Spitzenleistung« sein?

BEISPIEL

> Ein Künstler, der achtlos seine Pinselstriche zieht, wird kein Meisterwerk vollbringen. Jeder – wirklich jeder – Pinselstrich ist ein kleines Meisterwerk in sich.

»Aber warum soll ich denn diesen blöden Rasen so penibel mähen?«, mögen Sie fragen. Zur Übung. Aus mehrfacher Übung wird Gewohnheit. Erst wenn Sie nicht mehr darüber nachdenken, etwas spitzenmäßig machen zu wollen, erst dann suchen Sie sich ein anderes Übungsfeld.

Gut, ich gebe zu, dass es noch genügend andere Übungsfelder gibt. Der Rasen wäre auch nicht mein Favorit …

Gute Gewohnheit Nr. 2: Ziele setzen

Es zieht sich durch wie ein roter Faden: Alle langfristig erfolgreichen Menschen setzen sich Ziele. Kleine, große, scheinbar belanglose. Querbeet. Aber eben immer Ziele. Vieles dazu haben wir bereits angesprochen: Wir brauchen die richtigen Ziele, die wir durch effektives Nachdenken erforschen und dann planen. Wir sollten uns von den Erwartungen anderer freimachen und Hindernisse geistig vorwegnehmen. Damit lasse ich es hier bewenden. Anregungen, wie Sie Ihre Ziele am besten umsetzen, finden Sie in einem meiner anderen Bücher, so z. B. im TaschenGuide »Selbstmotivation«. Dreh- und Angelpunkt ist immer Ihr: »Ja, ich will!«

Gute Gewohnheit Nr. 3: Unangenehmes? Ja, bitte schnell!

Sie kennen das Problem: Sie müssen heute noch dieses lästige Telefonat führen – und schieben es so lange auf, bis es (fast) zu spät ist? Den ganzen Tag begleitet Sie dabei ein unangenehmes Gefühl, ein schlechtes Gewissen. Wenn man dann endlich kurz vor Toresschluss anruft, hofft man insgeheim, dass sich der Anrufbeantworter meldet und man für diesen Tag verschont bleibt.

Aufschieberitis dieser Art raubt Energie und trübt den Fokus auf andere wichtige Themen. Wir fühlen uns nicht gut dabei. Verhindern können Sie das nur, indem Sie Unangenehmes schnellstmöglich erledigen. Eine Binsenweisheit zwar, die wir dennoch viel zu selten beherzigen. Was hilft? Sie ahnen es: Wir müssen sie uns zur Gewohnheit machen.

Für den Berufsalltag gibt es eine Anregung, die sich »Eat that Frog« nennt: Schlucken Sie die Kröte am besten so schnell wie möglich. Gehen Sie ins Büro, greifen Sie sofort zum Hörer und erledigen Sie den Anruf. Ein Happs und weg ist die Kröte! Und ehe Sie sich versehen, können Sie schon etwas Unangenehmes aus Ihrem Gedächtnis streichen.

> **Das Kröten-Experiment**
>
> Schreiben Sie jeden Abend auf, was Sie am nächsten Tag erledigen werden. Das Unangenehmste setzen Sie ganz oben auf die Liste, gefolgt vom Zweitunangenehmsten usw., bis ganz unten das steht, auf das Sie sich am meisten freuen.
>
> Am nächsten Morgen schlucken Sie dann immer gleich die größte Kröte. Dann die zweite etwas kleinere. Gegen Nachmittag haben Sie sich endlich die Tätigkeiten verdient, die Ihnen Freude machen.

Stellen Sie sich vor, Sie ziehen das Kröten-Experiment konsequent drei Monate oder, noch viel, viel besser, ein ganzes Jahr durch. Also, mindestens drei Monate konsequent: die Kröte zuerst. Bemerken Sie bereits beim Nachdenken darüber den Unterschied zum »Auf-die-lange-Bank-schieben«?

Gute Gewohnheit Nr. 4: Versprechen einhalten

Wie entsteht Selbstvertrauen? Wie fassen andere Menschen Vertrauen zu uns? Beides hängt miteinander zusammen und hat einen gemeinsamen Kern.

Nehmen Sie sich etwas vor und ziehen Sie es durch, registrieren Sie bewusst oder unbewusst: »Ja, geschafft!« Je nach Vorhaben ist das ein kleiner oder größerer Erfolg. Das Vertrauen in Ihre Leistungsfähigkeit wächst entsprechend. Morgens meditiert? Ja. Anruf zuerst erledigt? Schreibtisch? Tee? Ja. Ja. Ja. All das stärkt täglich das Vertrauen in sich selbst, das Selbst-Vertrauen. Ebenso funktioniert es im Zusammenspiel mit anderen Menschen. Sie machen eine Zusage und halten sie ein. Ihr Gegenüber registriert es positiv. Im Lauf der Zeit bekommt er ein klares Bild von Ihnen und Ihrer Verlässlichkeit. Er traut Ihnen, er hat Vertrauen.

In beiden Fällen geben Sie sich oder anderen ein Versprechen, das Sie halten. Das können winzige Versprechen sein. Die registrieren wir im Alltag gar nicht mehr. Sie kommen pünktlich zu einem Treffpunkt, rufen wie versprochen zurück, lassen die Chips zum Fernsehen weg. Meist werden Versprechen nur zum Thema in unserem Leben, wenn wir sie nicht halten. Dann beschleicht uns ein mulmiges Gefühl, ein schlechtes Gewissen stellt sich ein. Insgeheim wissen wir, dass unsere Verlässlichkeit darunter leidet.

Die daraus abzuleitende Gewohnheit lautet: Halten Sie – auf Teufel komm raus! – all Ihre Versprechen sich selbst und anderen gegenüber. Wie das gehen soll? Sie sind ja schließlich nicht Superwoman oder Superman. Niemand schafft alles. Braucht man auch gar nicht.

Versprechen Sie nur das, was Sie auch sicher halten können

Es gibt zwei Kategorien von Versprechen:

- etwas, das Sie definitiv versprechen können. Beispiele: »Ich gebe bei dieser Tätigkeit mein Bestes.«, »Ich bin am Geburtstag meiner Tochter anwesend.«, »Der Kunde bekommt die Unterlagen bis zum Stichtag.«

- etwas, das Sie nicht sicher versprechen können, weder sich noch anderen. Solche Versprechungen sollten Sie gar nicht erst machen. Beispiele: »Wir gewinnen das Spiel.«, »Alle Teilnehmer werden begeistert sein.«

BEISPIEL

> Sage ich dem Verlag zu, ein Buch zu schreiben, tue ich dies mit aller Konsequenz. Das ist ein Versprechen, das klar der Kategorie 1 zuzuordnen, ist. Fragt mich der Verlag aber, ob ich übernächstes Jahr wieder ein Buch schreibe, kann ich das aus heutiger Sicht nicht sicher zusagen. Passt das dann in meine Auftragslage? Habe ich genügend neue Ideen? Plane ich eine Schreibpause? Würde ich es trotzdem versprechen, wäre meine Zusage als klares »Vielleicht« der Kategorie 2 zuzuordnen.

Nun zur Gewohnheit: Gewöhnen Sie sich an, bei jeglicher Zusage, die Ihnen auf den Lippen liegt, kurz innezuhalten. Fragen Sie sich: Liegt das in meiner Macht? Kann ich das tatsächlich einhalten? Wenn Sie es dann versprechen, setzen Sie alles daran, es auch zu halten.

> Versprechen Sie anderen nur Dinge, die in die Kategorie Nr. 1 fallen.

Dranbleiben

Schaffen Sie es, gewohnheitsmäßig Versprechen anderen und sich selbst gegenüber einzuhalten, stellt sich ein großartiger Nebeneffekt ein: Sie bleiben hartnäckig an einer Sache dran. Tag für Tag. Episode für Episode. Happen für Happen, bis der

Elefant verspeist ist – um es mit einem afrikanischen Sprichwort auszudrücken.

Vielleicht ist dieser Sisu-Trainings-Nebeneffekt (siehe hierzu auch das Mindset Nr. 2) sogar der Dreh- und Angelpunkt beim steten Einhalten von Versprechen. Zudem wird wieder mal klar: Aus verinnerlichten guten Gewohnheiten entsteht fast zwangsweise langfristige Spitzenleistung.

Gute Gewohnheit Nr. 5: Dankbar sein

Bei intensivem Nachdenken stellt sich wie von selbst Dankbarkeit ein.

BEISPIEL

> Ich bin gesund, habe eine großartige Frau, gesunde Kinder, kann täglich essen und trinken, es gibt liebe Menschen um mich herum. Zudem lebe ich in Europa, einem recht ausgeglichenen Kontinent ohne größere Katastrophenherde; dann noch in Deutschland, das als eines der besten Länder Europas gilt. Und dann auch noch in Baden-Württemberg, wo »der liebe Gott die Erde küsst«, wie es in einem Lied der Gruppe Gonzo heißt.

Schauen wir uns doch einmal um: Wie viele Menschen haben keinen Schulabschluss, sind arm, von Armut bedroht, arbeitslos, depressiv, haltlos? Halte ich mir das vor Augen, bin ich tatsächlich oft und äußerst dankbar. Wem gegenüber? Spielt keine Rolle – dem Leben, vielleicht. Meinen Eltern oder Gott. Wem oder was auch immer. Völlig gleich. Es geht um das Gefühl: »Mir geht es gut. Ich habe Glück.« Spüren wir diese Dankbarkeit, ergibt sich ein bewussterer Umgang mit sog. Selbstverständlichkeiten und mit anderen Menschen. Viele, die es sich klarmachen, helfen dann anderen, die nicht so begünstigt sind.

Wie lässt sich diese Herzenssache jedoch in eine Gewohnheit umsetzen? Helfen kann Ihnen dabei die folgende Dankbarkeitsübung.

Dankbarkeitsübung

Planen Sie für diese Übung bewusst einige Minuten Zeit ein. Starten Sie mit einmal die Woche fünf Minuten: Schreiben Sie z. B. am Sonntagmorgen auf, wofür Sie letzte Woche froh und dankbar waren. Wiederholen Sie das am nächsten Sonntag und am darauffolgenden Sonntag ebenso. Im Lauf der Zeit tun Sie es wahrscheinlich täglich und irgendwann einmal nicht mehr schriftlich, weil sich vieles von dem Guten doch wiederholt: Die Kinder sind immer noch gesund und der Lebenspartner ist immer noch toll – das braucht man nicht stets aufs Neue zu notieren.

Das Aufschreiben ist der Einstieg dafür, sich die Dankbarkeit zur Gewohnheit zu machen: innehalten im Alltag, sich bewusstmachen, was man hat – und mit einem beseelten Gefühl der Dankbarkeit anderen Menschen begegnen.

Gute Gewohnheit Nr. 6: weg damit!

Die letzte Gewohnheit serviere ich Ihnen etwas deftiger – und hoffe, Sie setzen sie ebenso um. Wenn Sie jeden Tag rund 3,5 Stunden Zeit gewinnen könnten, würden Sie es tun? Wahrscheinlich, wenn der Preis nicht zu hoch ist, nehme ich an. Bevor wir auflösen, worum es geht, noch eine eher rhetorische

Frage: Kennen Sie einen dauerhaften Spitzenleister, der Tag für Tag rund 3,5 Stunden Zeit vergeudet? Ich auch nicht.

Wissen Sie, womit die Mehrzahl der Menschen in Deutschland die meiste Zeit ihres Lebens verbringt? Klar, mit Schlafen. Was, glauben Sie, kommt an zweiter Stelle? Stellen Sie es sich folgendermaßen vor: Sie sterben mit 80 Jahren. Das ist knapp über dem Bundesdurchschnitt. Sie kommen zu Petrus an die Himmelstür. Der schlägt sein goldenes Buch auf und schaut, was Sie in Ihrem Leben so alles gemacht haben. Da steht als Erstes: »235.000 Stunden geschlafen«. Petrus fragt: »Kann das sein? Hast du in deinem Leben so viel Zeit im Schlaf verbracht?« Sie überschlagen es kurz: 80 Jahre mal 365 Tage mal rund 8 Stunden Schlaf, vielleicht ab und zu ein bisschen mehr. »Ja,«, sagen Sie, »das kann hinkommen«. Petrus schaut erneut ins Buch: »80.000 Stunden Arbeit.« Und fragt wieder: »Kann das sein? Hast du so viel gearbeitet in deinem Leben?« Sie denken: »Hm, drei Mal so viel geschlafen wie gearbeitet? Gute Quote. Manchmal auch beim Arbeiten geschlafen ... Überschlagen sind das 45 Jahre Arbeit mal 220 Tage mal 8 Stunden.« Und Sie sagen: »Passt!« Und dann ist da noch ein Eintrag: »97.000 Stunden«. Petrus fragt, was diese Zahl zu bedeuten habe, er habe nichts finden können. Sie denken nach und plötzlich wird es Ihnen klar: 97.000 Stunden Ihres Lebens verbrachten Sie vor dem Fernseher.

Der durchschnittliche Bundesbürger schaut pro Tag etwa 3,5 Stunden in die Röhre. Abends wird aus Gewohnheit oder Bequemlichkeit der Fernseher eingeschaltet. Dann sieht man Nachrichten, ein Filmchen und zappt sich noch ein bisschen durch die Sender. Am nächsten Tag sagt man zum Kollegen oder Nachbarn: »Gestern kam auch wieder nichts Gescheites im Fernsehen.« Die Disziplin, selten fernzusehen oder nur ausgewählte Sendungen anzuschauen, bringt kaum jemand auf. Von daher schlage ich zwei Lösungen vor. Eine radikale und eine gemäßigte.

Die radikale Lösung: »Schmeißen Sie den Kasten raus!« Sie lesen richtig. Weg damit! Er stiehlt Ihnen Lebenszeit. Er hindert Sie daran, sich mit Ihrem Lebenspartner zu unterhalten. Er macht Sie bequem und träge. Nach ein paar Wochen Entzug werden Sie gar nicht mehr wissen, wie Sie »früher«, als Sie noch fernsehen mussten, gelebt haben. Sie möchten nie, nie wieder so leben wie früher. Sie haben mehr Zeit. Mehr Energie.

Den radikalen Schritt wagen die wenigsten. Vielleicht inspiriert Sie der Stritzelbergersche Umgang mit dem Fernsehen. Wir gingen damals von folgender Überlegung aus: Abends wird die Flimmerkiste routinemäßig angemacht. Und man bleibt davor kleben. Dieses Muster gilt es zu unterbrechen. So haben wir vereinbart, dass Fernsehen einen Aufwand, eine Überwindung darstellen sollte. Es sollte nicht mehr die Regel, sondern die Ausnahme sein. Also verfrachteten wir unseren Apparat vom zentralen Wohn- ins Gästezimmer im Untergeschoss. Zusätzlich richteten wir es so ein, dass wir nur noch über Beamer mit Soundanlage schauen konnten – dazu musste ein Familienmitglied erst einmal die Anlage aufbauen. Kein riesiger Aufwand, braucht aber ein paar Minuten. Deshalb fragten wir uns vor der Inbetriebnahme regelmäßig: »Lohnt es sich wirklich?« Die Antwort, Sie ahnen es, lautete fast immer »Nein.« Mittlerweile haben wir uns ein komplett anderes TV-Verhalten als früher angewöhnt. Wir schauen so gut wie gar nicht mehr fern, vermissen nichts und haben deutlich an Lebensqualität gewonnen.

Fragen Sie sich jetzt, was das alles mit »langfristig erfolgreich« zu tun hat? Ganz einfach. Vom römischen Kaiser und Philosophen Marc Aurel stammt der wunderschöne Satz: »Auf die Dauer der Zeit nimmt die Seele die Farben deiner Gedanken an.« Was ich fortwährend mache, prägt meine Gedanken. Beschäftige ich mich fortwährend mit »guten« Dingen, verändert sich meine Ausrichtung entsprechend. Stopfe ich mich 3,5 Stunden am Tag vorrangig mit Müll voll, ebenfalls.

Auch beim Thema Fernsehen wird offensichtlich: Gewohnheit ist Ihre ständige Begleiterin, Ihre größte Helferin und Dienerin, ist für Ihre Erfolge und Misserfolge verantwortlich. Gewohnheit vollbringt mit der Präzision einer Maschine und der Intelligenz eines Menschen, was Sie ihr auftragen.

Wir haben die Wahl. Jeden Tag. Jeden Abend. Denken Sie daran. Vielleicht heute Abend, um 20.15 Uhr …?

> **Was Sie nicht benötigen**
>
> Selbstredend gibt es neben den hier betrachteten Denk- und Handlungsgewohnheiten noch weitere, die langfristiger Spitzenleistung zuträglich sind. Möglicherweise haben Sie sich bei den empfohlenen Mindsets und Gewohnheiten das ein oder andere Mal gefragt: »Warum gerade die, warum nicht jene Eigenschaft?«
>
> Aussortiert wurde in diesem TaschenGuide nach bestem Wissen und Gewissen: Erstens wurde geprüft, ob etwas Ursache oder ob es Wirkung ist. War es Wirkung, wie im Fall des Nicht-Jammerns, fand es keine Aufnahme. War es die Ursache für dauerhaften Erfolg, wurde geprüft, ob es eine elementar notwendige Bedingung ist oder eine nebensächliche. Ausschlag gab hier immer die Antwort auf die Frage: »Ist dauerhafter Erfolg, sind langfristige Spitzenleistungen möglich ohne diese Eigenschaft?« Hier trennte sich die Spreu vom Weizen: Humor etwa flog raus, da es zwar nicht so lustig, aber durchaus möglich ist, spaßfrei jahrzehntelang sein Bestes zu geben. »Ziele setzen« fand den Weg ins Buch, da es – mit ganz wenigen Ausnahmen – schlicht nicht möglich ist, ohne Ziele langfristig Erfolg zu haben.

Spitzenleistung kann das Normalste der Welt sein

Ursprünglich sollte über diesem Kapitel die Überschrift »Hören Sie auf zu jammern!« stehen. Viele Menschen beklagen Umstände, die sie nicht ändern können. Dabei wäre es viel hilfreicher, stattdessen Positives und Lösungen zu suchen. Die Überschrift und der entsprechende Abschnitt entfiel, weil das Jammern oder eben Nicht-Jammern eine Folge der beschriebenen Gewohnheiten ist. Nichts Eigenständiges. Wer viele oder gar alle der Erfolgsgewohnheiten verinnerlicht, kommt überhaupt nicht auf die Idee, sich zu beschweren.

Gewohnheiten bedeuten nichts anderes, als etwas so lange zu machen, bis es in Fleisch und Blut übergegangen und zur zweiten Natur geworden ist. Dauerhafte Spitzenleister denken nicht ständig darüber nach, ob es sich lohnt, hier ihr Bestes zu geben oder dort noch eine Schippe drauf zu legen. Sie tun es einfach. Aus Gewohnheit. Das ist für sie das Normalste der Welt.

Warum Sie keine Selbstdisziplin brauchen

Manchen Menschen wird die mächtige Wirkungsweise von Gewohnheiten klarer vor Augen geführt, wenn sie sich mit deren negativen Auswirkungen beschäftigen. Man braucht sich bloß vorzustellen, was schlechte Gewohnheiten bewirken: Man raucht, bewegt sich nicht, wartet ab, bis andere entscheiden, übernimmt keine Verantwortung, kümmert sich nicht um seinen Lebenspartner.

Lesen Sie die Sätze im folgenden Kasten aufmerksam. Sind Sie einverstanden mit diesen Gedanken? Wie ist Ihre Meinung dazu? Denken Sie darüber nach.

> Achte auf Deine Gedanken, denn sie werden Worte.
> Achte auf Deine Worte, denn sie werden Handlungen.
> Achte auf Deine Handlungen, denn sie werden Gewohnheiten.
> Achte auf Deine Gewohnheiten, denn sie werden Dein Charakter.
> Achte auf Deinen Charakter, denn er wird Dein Schicksal.
> *(Talmud)*

Werden aus Gedanken wirklich Worte? Meist schon, zumindest aus den Gedanken, die wir immer wieder denken. Vieles davon wird in Handlungen umgesetzt. Und was wir vermehrt tun, wird zur Gewohnheit, so wie das tägliche Zähneputzen. Diese Gewohnheiten werden schließlich ein Teil von uns und somit zu unserem Charakter. Deshalb ist Schicksal meist kein Zufall.

Wahrscheinlich kann jeder diese Sätze unterschreiben. Es ist absolut sinnvoll, sich das Gute zu eigen zu machen und in Gewohnheiten umzusetzen. Wer es schafft, Spitzenleistung Normalität werden zu lassen, den kann doch nichts mehr aufhalten.

Ein hammermäßiges Schmankerl gibt es kostenlos obendrein: Sie brauchen sich nie wieder mit dem Thema Selbstdisziplin zu beschäftigen. Alles, was Ihnen scheinbar selbstdiszipliniert und willensstark von der Hand geht, ist bei genauerer Betrachtung Gewohnheit. Schauen wir noch genauer hin, können wir die guten Gewohnheiten sehen. Und wenn wir die Lupe darüberlegen, erkennen wir: Es sind Spitzenleistungen, die zur Gewohnheit wurden. Viel Erfolg dabei. Dauerhaften!

Und Action!

Sie haben bisher nur zustimmend genickt? Jetzt ist der richtige Zeitpunkt dafür, ins Handeln zu kommen. Starten Sie, machen Sie sich für Spitzenleistungen bereit – am besten sofort.

In diesem Kapitel erfahren Sie,

- wie Sie den ersten Schritt angehen, um Spitzenleistung gewöhnlich zu machen,
- was ein schlüpfender Leoparden-Gecko mit dauerhaftem Erfolg zu tun hat,
- wie vermeintlich kleine Veränderungen große Unterschiede bewirken.

Machen Sie den Unterschied – jetzt

Im Grunde haben Sie jetzt alle Werkzeuge an der Hand, um gewohnheitsmäßig und langfristig Spitzenleistung zu erbringen. Warum nicht also gleich starten? Machen Sie es wie Markus Korn vom Anfang des Buches: Entscheiden Sie sich, ein gewohnheitsmäßiger Spitzenleister zu werden! Nicht morgen, am besten heute! Sie wissen jetzt: Eine einzige Sekunde kann Ihr Leben verändern.

Haben Sie sich entschieden, kennen Sie die Richtung, Ihren Weg, dann nehmen Sie sich Zeit. Wie sagte Harry Belafonte einmal, der einst weltberühmte King of Calypso: »Ich habe 30 Jahre harte Arbeit gebraucht, um über Nacht berühmt zu werden.« Hinter allen Erfolgen stecken ausnahmslos lange Vorbereitungen – sowie bestimmte Denkweisen und Gewohnheiten. Sie wissen ja jetzt welche!

BEISPIEL

> Besuch bei Gisela Bundschuh. Sie züchtet seit Jahrzehnten Leoparden-Geckos. Sie führt uns zu einem kleinen Inkubator, in dem ein einziges Ei liegt. »Er schlüpft gleich«, flüstert sie. Schon wenige Minuten später zeigt sich ein hauchdünner, gezackter Riss an der Oberfläche. Die weiche Eioberfläche dehnt sich an dieser Bruchstelle. Es erscheint ein winziges Köpfchen, das sich schnell wieder zurückzieht, dann aber schließlich aus dem Ei zwängt. Schwer schnaufend ob dieser gewaltigen Anstrengung liegt das winzige Leoparden-Gecko-Baby erschöpft neben der Ei-Hülle. Beeindruckend. Frau Bundschuh führt uns weiter und zeigt uns ein Gerät, mit dem man sehen kann, was im Inneren eines Eis passiert. Da liegen Eier, die zwischen zwei und fünf Wochen alt sind. Man erkennt deutlich die unterschiedlichen Entwicklungsstadien. Am Ende der Führung meint die Züchterin: »Schlüpft ein Leopar-

> den-Gecko aus dem Ei, kommt es mir immer wie ein kleines Wunder vor. Doch denken Sie stets daran, dass in diesen 60 Tagen von der Eilage bis zum Schlüpfen sich im Inneren des Eis alles darauf ausrichtet, dass dieses Wunder geschehen kann.«

Letztlich kommt dieses Denken in all unserem Handeln an die Oberfläche – das Schlüpfen unserer Gedanken. Diese liefern dann quasi den Beweis, dass wir in der richtigen Richtung unterwegs sind. Also: Nicht nur gewohnheitsmäßig »Spitzenleistung« denken, sondern auch gewohnheitsmäßig Spitzenleistung tun. Habit Stacking nennt sich das in den Worten des Impressions-Managers.

Ganz wesentlich hierfür sind ein förderliches Umfeld sowie die Fokussierung. Denken Sie an den Wiedehopf. Denken Sie an den nächsten Punkt, den Sie unbedingt erzielen möchten. Denken Sie an die freie Piste, nicht an den Baum. Vermeiden Sie alles, was Sie bei der Arbeit stören könnte. Dass nicht alles reibungslos laufen kann, ist Ihnen klar und auch, dass all die kleinen und großen Rückschläge Ihren Sisu-Muskel stärken. Sie wissen ja: Die beste Chance, mit Schwierigkeiten gut umzugehen, ist ihre geistige Vorwegnahme. Dazu haben Sie genügend Zeit. Nicht hektisches Handeln ist gefragt, sondern beharrliches In-die-richtige-Richtung-Gehen. Versprechen sie sich das. Halten Sie Ihr Versprechen.

So kann Spitzenleistung zu etwas ganz Normalem werden für Sie. Normales kann Sie nicht ausbrennen. Zudem gilt der Grundsatz: Erfolg zieht Erfolg an. Erfolg macht selbstbewusster.

Selbstbewusstsein fördert Erfolge. Es wird also immer leichter und selbstverständlicher, sein Bestes zu geben. Wie auf dem Karussell des Lebens. Auch hier zwingt sich eine vorzügliche Parallele zum Spitzensport auf: »Ein bisschen Hochleistung geht nicht.« Denn langfristig werden Sie immer das Ergebnis Ihres Handelns sein. Wer täglich dreieinhalb Stunden vor dem Fernseher sitzt, wird ein anderer Mensch als der, der in dieser Zeit trainiert und etwas Sinnvolles tut.

Ein Plädoyer für Spitzenleistungen

Nicht jeder muss Spitzenleistung erbringen. Doch ich halte es für sinnvoll und bin überzeugt davon, dass wirklich jeder mit dieser Vorgehensweise ein durch und durch erfülltes Leben führen kann. Ich behaupte, der Glücksfaktor ist wesentlich höher, als er es ist, wenn man im Strom mitschwimmt, mit den Claqueuren klatscht und gerade noch durchschnittliche Leistungen erzielt.

Das bedeutet nicht, dass langfristige Spitzenleistungen das Leben schwuppdiwupp zu einem rauschenden, nie enden wollenden Fest wandeln. Es geht nicht darum, dauerhaft Spaß zu haben. Es geht um stetige Spitzenleistungen, um langfristigen Erfolg auf allen Ebenen. Es geht darum, ein erfülltes Leben zu führen. Der Spaß kommt von allein. Die Arbeit dafür ebenfalls.

Dauerhaft Spitzenleistungen zu erbringen, bedeutet schließlich nicht, weniger Ängste und Unsicherheiten als andere zu haben – man lässt sich nur nicht davon überwältigen. Dauerhaft Spitzenleistungen zu erbringen, bedeutet zudem nicht, »immer stark« sein zu müssen. Manchmal ist es angemessen und angebracht, zu zweifeln, zu zagen, zu trauern. Genau daraus gehen wir ja wieder gestärkt hervor.

BEISPIEL

> Herr Amann und Herr Bemann sind beide 40 Jahre alt, haben die identische Qualifikation und die gleiche Stelle, arbeiten in derselben Branche und stammen beide aus identischen sozialen und familiären Verhältnissen. Ab sofort verhalten sich die Männer jedoch völlig unterschiedlich.
>
> Herr Amann
>
> - denkt effektiv nach und vor.
> - fokussiert sich beruflich auf seinen Lieblingsbereich.
> - umgibt sich mit Menschen, die ihn unterstützen.
> - sieht Schwierigkeiten als Trainingseinheiten.
> - will auch in sog. Kleinigkeiten sein Bestes geben.
> - übernimmt Verantwortung für sein Tun und hält all seine Versprechen – auch sich selbst gegenüber.
> - verschenkt noch heute seinen Fernseher.
>
> Herr Bemann macht weiter wie bisher:
>
> - lässt routinemäßig alles laufen.
> - übernimmt weiterhin alle Aufgaben, die ihm angetragen werden.
> - hinterfragt sein Umfeld nicht; verkehrt auch mit Menschen, die ihn schwächen.
> - weicht Schwierigkeiten, so gut es geht, aus.
> - macht nur das, was nötig ist.
> - findet für Misserfolge Ausreden und lebt nach dem Motto, dass man fünf auch mal gerade lassen sein könne.
> - zappt weiter allabendlich durch die diversen Sender.

Hier könnten wir in allen Nuancen die Einstellungen und Gewohnheiten aus dem vorderen Teil des Buches aufführen. Sie merken aber schon anhand dieser wenigen Beispiele, wohin die Reise geht. Kurzfristig betrachtet schaut das noch nicht dramatisch aus – was aber ist zehn Jahre später, wenn beide 50 Jahre alt sind? Wie steht es um deren Beziehungen? Um die Energie, die Selbstachtung? Welches Leben ist erfüllter, anstrengender, pulsierender? Welcher der beiden Männer fühlt sich besser?

Work smarter – not harder

Kleine Entscheidungen wirken sich aus und machen den Unterschied zwischen demjenigen, der täglich, jahrzehntelang durchschnittliche Leistungen erbringt, und demjenigen, der Spitzenleistungen denkt und gewohnheitsmäßig handelt. Wobei, Achtung: Es geht weder hier noch an einer anderen Stelle in diesem Buch darum, sich mehr anzustrengen. Oft wird das »Work harder« in den Himmel gepriesen. Streng dich an. Und wenn es nicht reicht, streng dich noch mehr an. Meines Erachtens hat dieses »Work harder« noch nie funktioniert. Was dann? »Work smarter«, »Think smarter« – arbeite und denke überlegter. Genau darum dreht sich hier alles. Sie arbeiten nicht mehr als früher, aber klüger. Effektiver. Sie treffen permanent die besseren Entscheidungen.

> Apropos Entscheidungen – wissen Sie, wie man am besten übt, sich zu entscheiden? Lernen Sie Schach. Dieses Brettspiel zwingt Sie permanent zu Entscheidungen. Kleine, große, taktische, strategische, manche mit unüberschaubaren Folgen. Wenn Sie sich nicht entscheiden, läuft die Zeit gegen Sie. Wenn Sie nur abwarten, was der andere macht, werden Sie untergehen. Manchmal muss man sich für einen Zug entscheiden, obwohl es noch andere gute Züge gäbe. Manchmal weiß man einfach nicht weiter, manchmal liegt die Entscheidung auf der Hand. Ist eine Schachpartie nicht ein großartiges Abbild unseres Lebens?

Eine einzige Sekunde genügt, sich für dauerhafte Spitzenleistung zu *entscheiden*.

Um täglich und jahrzehntelang Spitzenleistung zu *erzielen*, braucht es Ihr Leben. Es geht um nicht mehr und nicht weniger als um Ihr Lebenswerk. Sie selbst bestimmen, was Erfolg für Sie ganz persönlich bedeutet. Ist Ihnen dies bewusst, ist Ihnen klar, dass die täglichen Pinselstriche das gesamte Bild ausmachen – dann geben Sie viel leichter Ihr Bestes, auch wenn es sonst niemanden interessiert.

Dabei wünsche ich Ihnen gutes Gelingen.
Wenn ich dabei helfen kann, schreiben Sie mir am besten eine E-Mail an rs@selbstmotivation.de. Ich antworte Ihnen. Versprochen.

Stichwortverzeichnis

Aufschieberitis 106

Dankbarkeit üben 110
Doppel-W-oND 87
Dranbleiben 109
Dreisprung, Umfeld-Optimierung 45

Eigenverantwortung, Training 82
Erfolg, Definition 14
Erwartung, gesellschaftliche 28

Fokussieren, Technik 48

Gewohnheit, schädliche 102
Glücksformel 3A 61
Growth Mindset 86

Habit Stacking 121

Impressions-Manager 9

Joker-Technik 102

Kröten-Experiment 107

Magisches Quadrat 25

Nachdenken, effektives 26

Pareto-Prinzip 103
Pause, Wirkung 92
Planungsebene 59
Priorisierung 90

Selbstdisziplin 116
Selbstmotivation 20
Selbstvertrauen 107
Sisu 71
SMART-Prinzip 57
Spitzenleistung, Definition 17
Stressmanagement 16
Stress, Umgang mit 93

Umfeld, soziales 41

Verantwortungsbereich 79
Versprechen, Kategorien 108

Work-Life-Balance 12
Work smarter 124

Impressum

Bibliografische Information der Deutschen Nationalbibliothek
Die Deutsche Nationalbibliothek verzeichnet diese Publikation in der Deutschen Nationalbibliografie; detaillierte bibliografische Daten sind im Internet über http://www.dnb.dnb.de abrufbar.

Print: ISBN: 978-3-648-09354-2 Bestell-Nr.: 10735-0001
ePub: ISBN: 978-3-648-09355-9 Bestell-Nr.: 10735-0100
ePDF: ISBN: 978-3-648-09356-6 Bestell-Nr.: 10735-0150

Reinhold Stritzelberger
Auf Dauer erfolgreich – Wie Sie langfristig Spitzenleistungen erbringen
1. Auflage 2017, Freiburg

© 2017, Haufe-Lexware GmbH & Co. KG, Munzinger Straße 9, 79111 Freiburg
Redaktionsanschrift: Fraunhoferstraße 5, 82152 Planegg/München
Internet: www.haufe.de
E-Mail: online@haufe.de
Redaktion: Jürgen Fischer

Konzeption, Realisation und Lektorat: Nicole Jähnichen, www.textundwerk.de
Umschlaggestaltung: Grafikhaus, München
Umschlagentwurf: RED GmbH, Krailling
Umschlag innen: Nadine Roßa, sketchnote-love.com
Satz: Reemers Publishing Services GmbH, Krefeld
Druck: Beltz Bad Langensalza GmbH, Bad Langensalza

Alle Angaben/Daten nach bestem Wissen, jedoch ohne Gewähr für Vollstsndigkeit und Richtigkeit.
Alle Rechte, auch die des auszugsweisen Nachdrucks, der fotomechanischen Wiedergabe (einschließlich Mikrokopie) sowie der Auswertung durch Datenbanken oder ähnliche Einrichtungen, vorbehalten.